Später wurde er Kapitän auf einem Walfänger und blieb zeit seines Lebens von der „bewußten und wohlüberlegten Durchtriebenheit der Pottwale“ überzeugt.

Dem Walfangschiff „Essex“, das den Hafen von Nantucket Ende des Sommers verlassen hat, steht eine erfolgreiche Jagd bevor.
Die vielen Ölfässer, die bereits im Schiffsraum verstaut sind, zeugen von ersten guten Fängen.

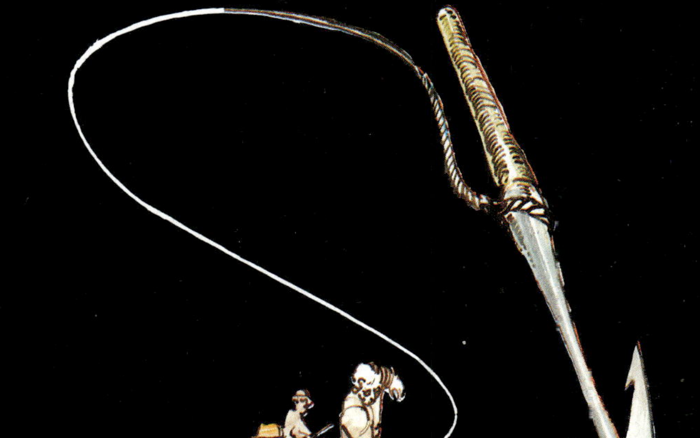

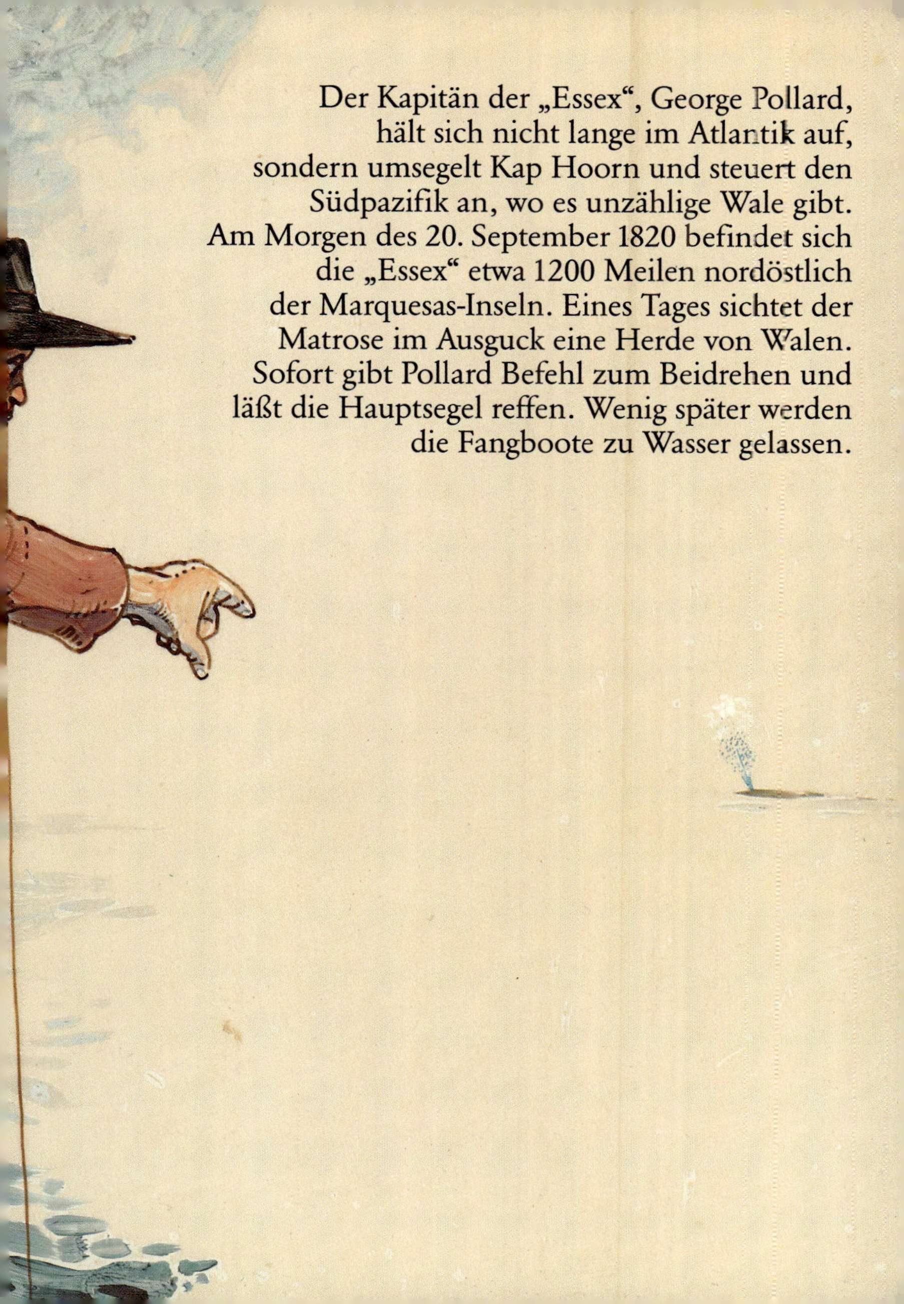

Der Kapitän der „Essex“, George Pollard, hält sich nicht lange im Atlantik auf, sondern umsegelt Kap Hoorn und steuert den Südpazifik an, wo es unzählige Wale gibt. Am Morgen des 20. September 1820 befindet sich die „Essex“ etwa 1200 Meilen nordöstlich der Marquesas-Inseln. Eines Tages sichtet der Matrose im Ausguck eine Herde von Walen. Sofort gibt Pollard Befehl zum Beidrehen und läßt die Hauptsegel reffen. Wenig später werden die Fangboote zu Wasser gelassen.

Unter dem Befehl von Oberkommandeur Owen Chase, Deckoffizier Matthew Joy und Kapitän Pollard selbst nehmen drei Fangboote die Verfolgung auf. Die Pottwale haben sich trotz des raschen Manövers entfernt, und die Männer müssen kräftig rudern, um die mächtigen Tiere einzuholen. Das Boot von Chase, das als erstes zu Wasser gelassen wurde, liegt nur noch wenige hundert Meter hinter dem letzten Wal. Der Harpunier hat bereits sein Ruder aus der Hand gelegt und sich in den Bug des kleinen Schiffs begeben. Mit der Harpune in der Hand wartet er auf den günstigen Moment, um zuzustoßen.

Sobald der gewaltige Rücken des Tieres wenige Meter vor dem Boot auftaucht, schleudert der Harpunier seine Waffe. Doch die Männer können sich nicht schnell genug von dem verletzten Tier entfernen, und ein gewaltiger Schwanzhieb schlägt das Fangboot leck. Owen Chase ergreift die Bootsaxt, kappt die Fangleine und läßt das Leck mit Hemden zustopfen.

Die Jäger überlassen die Verfolgung den beiden anderen Booten und rudern schnell zum Walfangschiff zurück, um den Schaden zu beheben.

Wieder an Bord der „Essex“, überwacht Chase die Reparaturen und stellt, als er den Kopf hebt, voller Entsetzen fest, daß ein riesiger, fast 30 m langer Pottwal das Fangschiff rammt. Bevor der Oberkommandeur dazu kommt, die Pumpen in Betrieb zu setzen und die beiden anderen Fangboote, die noch auf der Jagd sind, zurückzurufen, greift das Tier erneut an.

Als der Wal endlich abzieht, neigt sich die „Essex“ mit aufgebrochenem Rumpf langsam zur Seite. Das Schiff ist verloren.

Chase läßt eilig sein dürftig geflicktes Fangboot wieder zu Wasser, und die beiden anderen Schaluppen stoßen zu ihm. Ohne einen Augenblick zu verlieren, laden die Matrosen alles Brauchbare, das sie noch retten können, auf die Boote: etwas Brot, einige Weinfässer, 25 Gallonen Wasser, eine Riesenschildkröte von den Galapagos-Inseln, zwei Kompasse, zwei Sextanten, ein paar Angelhaken, etwas Schießpulver und eine Muskete.

Das Wetter verschlechtert sich, und man muß das Wrack, das noch auf dem Wasser treibt, schnell verlassen. Nach einem Wortwechsel zwischen den Offizieren und der Mannschaft beschließen die Schiffbrüchigen, die Küste Südamerikas anzusteuern, die etwa 2 000 Meilen (ca. 3 700 km) entfernt liegt. Für die Männer beginnt eine grauenvolle Odyssee.

Nach einer einmonatigen Irrfahrt stranden sie an der Küste einer kleinen, unbewohnten Insel. Dort setzen sie drei Männer ab, brechen jedoch bald wieder auf. Am 12. Januar 1821 werden die Boote bei einem Unwetter auseinandergetrieben und verlieren den Kontakt zueinander. Einen Monat später werden Pollard und ein Matrose von einem amerikanischen Walfänger geborgen. Eine englische Brigg rettet Chase zusammen mit zwei Matrosen am 23. Februar. Um zu überleben, mußten sie sich vom Fleisch ihrer verhungerten oder verdursteten Gefährten ernähren. Am 8. April befreit dank Pollards Angaben endlich ein Schiff die drei Matrosen von der verlassenen Insel, auf der sie 102 Tage lang leben mußten.

Yves Cohat, geboren 1953, studierte Geschichte und Ethnologie. Er verbindet seine Vorliebe für das Meer mit seinem Interesse für die Geisteswissenschaften und betreibt in Zusammenarbeit mit den Forschern der verschiedensten Disziplinen Untersuchungen über die Techniken, Praktiken und Strategien verschiedener Fischergesellschaften.

Deutsche Textfassung: Fabian Sulzer
Wissenschaftliche Beratung: Peter Pueschel, Greenpeace
Wolfgang Funke, Biologe

ABENTEUER GESCHICHTE

Deutsche Erstausgabe als Ravensburger Taschenbuch

Die Originalausgabe erschien unter dem Titel
„Vie et mort des baleines"

Redaktion der deutschen Fassung: Martin Sulzer

Satz: Fotosatz Ruderer, Grünkraut
Printed in Italy by Soc. Editoriale Libraria

5 4 3 94 93 92

ISBN 3-473-51007-6

LEBEN UND TOD DER WALE

Yves Cohat

Otto Maier Ravensburg

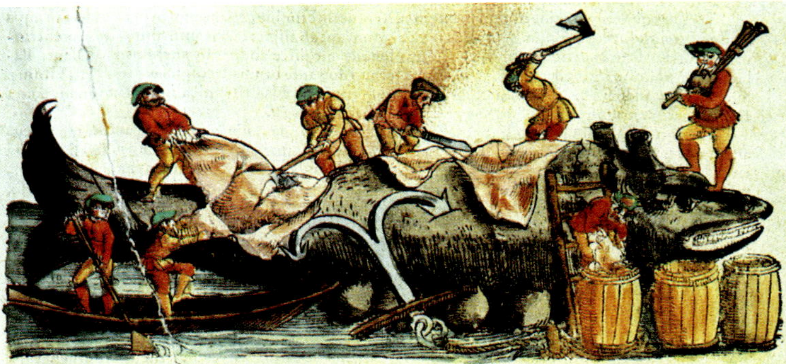

NAVTÆ IN DORSA CETORVM, QVAE INSVLAS PVTANT, anchoras figentes sæpe periclitantur. Hos cetos Trolual sua lingua appellant, Germanice Teuffelwal.

SIMILIS EST ET ILLORVM ICON APVD EVNDEM, CAPITE, rostro, dentibus, fistulis, quos montium instar grandes esse scribit, & naues euertere, nisi sono tubarum aut missis in mare rotundis & vacuis vasis absterreantur: quod & in Balthico mari circa balenam Brunfisch dictam fieri diximus.

Erstes Kapitel

DIE LEGENDE VOM WAL

Der riesige Körper der Wale hat die Menschen schon seit jeher fasziniert. Seit Urzeiten ranken sich eine Vielzahl von Mythen und Legenden um die Lebensweisheit dieser Tiere, und schon seit Jahrhunderten steht das Wort „Wal“ für das Geheimnisvolle, das Außergewöhnliche. Erst mit den Anfängen der exakten Wissenschaften im 16. Jahrhundert beginnen die Menschen, die wahre Natur des Wals zu erkennen. Doch bis heute vermischen sich Beobachtungen, Theorien und phantastische Vorstellungen …

Diese Darstellungen aus dem 16. Jahrhundert (links) sind Holzschnitte aus der „Historia Animalium“ von einem der ersten Zoologen, dem Schweizer Konrad Gesner. Links unten versucht eine Schiffsbesatzung den Angriff eines „Monsters“ abzulenken, indem sie es mit Fässern bewirft. Rechts: Jonas wird vom Wal verschlungen.

Eine der ältesten Geschichten um einen Wal findet sich in der Bibel. Es handelt sich dabei um den Bericht von Jonas. Seeleute werfen den Propheten ins Meer, um einen Sturm zu beruhigen, der das Schiff zu zerstören droht. Jonas wird von einem Wal verschlungen und drei Tage später am Festland wieder ausgespien. Doch die Bibel spricht nicht eigentlich von einem Wal, sondern es heißt dort: „Gott schuf einen großen Fisch, um Jonas zu verschlingen ...".

Die Bibel und Plinius der Ältere sprechen von den großen Meerestieren.

Ein anderer biblischer Begriff für den Wal ist „Leviatan". Er wird als ein gigantisches Tier beschrieben. In Psalm 104, Vers 25–26 steht: „Da ist das Meer so groß und weit, darin ein Gewimmel ohne Zahl: kleine und große Tiere. Dort ziehen die Schiffe dahin, auch der Leviatan, den du geformt hast, um mit ihm zu spielen."

Plinius der Ältere, der im 1. Jahrhundert v. Chr. nach Nordafrika reist, hinterläßt uns eine umfangreiche Naturgeschichte. Darin schreibt er, das Meer sei so groß und grenzenlos, daß „es nicht erstaunlich ist, wenn man darin so viele fremdartige und monströse Geschöpfe findet". Auch habe man im „Ozean der Gallier" einen riesigen Fisch entdeckt, den man griechisch Physeter (= Bläser) nenne, „der aus dem Meer wie eine Säule oder ein Pfeiler auftaucht, noch höher als die Segel eines Schiffes. Dann stieß er einen Wasserstrahl in die Luft, der war, als komme er aus einem Schlauch ..."

Fast alles, was im Mittelalter über Wale geschrieben worden ist, stammt von skandinavischen und isländischen Autoren. Das „Speculum Regale" aus der Mitte des 13. Jahrhunderts ist wohl der wichtigste dieser Texte. Darin werden verschiedene Arten von Walen, die in den Meeren rund um Island leben, beschrieben. Nach diesem Text haben Schwertwale „Zähne wie Hunde" und sind anderen Walen gegenüber ebenso aggressiv wie Hunde gegen andere Landtiere.

Auf diesem Ausschnitt aus einer Karte (links oben), die gegen Ende des Mittelalters entstand, ist das Meer im Stil der Zeit mit einem monströsen Meerestier ausgestaltet. Es handelt sich dabei um einen Wal, wie man am Blasstrahl erkennt.

Die Schwertwale schließen sich zusammen und greifen große Wale an. Jedesmal, wenn sie einen einzelnen Wal aufspüren, zerbeißen sie ihn, bis er stirbt, „obwohl er vor seinem Tode eine große Anzahl seiner Angreifer mit seinem mächtigen Atem töten könnte". Das „Speculum Regale" weist bereits darauf hin, daß der Kopf des atlantischen Glattwals ein Drittel seiner Körpergröße ausmache. Es enthält außerdem eine bemerkenswerte Beschreibung seines Verhaltens: „Man sagt, daß dieser Fisch eigentlich nur bei Dunkelheit oder bei Regen seine Nahrung aufnimmt. Wenn er gefangen ist und man seine Gedärme

„Und Gott sprach zum Fisch, und aus der schaudernden Kälte und Schwärze der See brach der Wal empor zur warmen und lieblichen Sonne und allen Freuden der Luft und der Erde und spie Jonas aus aufs Land ..."

Herman Melville, „Moby Dick"

öffnet, findet man nichts Schmutziges in seinem Bauch wie bei anderen Fischen, sondern sein Magen ist sauber und leer. Es ist ihm kaum möglich, das Maul zu öffnen, weil sich die Barten darin aufstellen, so daß er es dann nicht mehr schließen kann. Daran stirbt er oft. Er greift keine Schiffe an, hat keine Zähne und ist ein fetter und eßbarer Fisch."

Das „Speculum Regale" beschreibt auch einige schreckliche Monster unter den Walen, die Schiffe und Menschen verfolgen. Sie tragen bizarre Namen wie „Pferdewal" oder „Rotwal". Aber es kommen auch bekannte Arten wie der Pottwal, der Schweinswal und der Narwal darin vor. Die „Monster" werden als blutrünstig und grausam dargestellt: „Ihre Mordgier ist nie gestillt, so daß sie auf der Suche nach Schiffen die Ozeane in allen Himmelsrichtungen durchschwimmen. Sie springen hoch in die Luft und lassen sich auf die Schiffe fallen, daß diese vollständig zerstört und versenkt werden. Diese Fische sind nicht friedfertig. Vielmehr sind sie dazu ausersehen, des Menschen Feind zu sein."

Dennoch werden im „Speculum Regale" auch Beispiele von gutartigen Walen zitiert. Darunter soll der „Leitfisch" für die Fischer besonders nützlich sein, da er Heringe und alle anderen Fischarten vom offenen Meer an die Küste treibt. Noch bemerkenswerter ist, daß er Schiffe und Menschen verschont. Es ist, „als ob Gott entschieden hätte, daß es so lange so bleiben solle, wie sich die Fischer friedlich verhalten. Wenn sie sich aber streiten und sich bis aufs Blut bekämpfen, bemerkt es der Wal, versperrt ihnen den Zugang zum Ufer und treibt die Fische ins offene Meer."

Beim Anblick des „Schweinswals" aus dem 16. Jahrhundert fühlt man sich unwillkürlich daran erinnert, daß die Vorfahren der Wale Landtiere waren.

„Teufelswal“ oder „von Gott gelenkter Wal“? Die Isländer und die Iren sind darüber verschiedener Ansicht.

Im Mittelalter haben die isländischen Seeleute große Angst vor den „Teufelswalen“, wie sie die Tiere nennen. Man hält es sogar für gefährlich, ihren Namen auf dem Meer auszusprechen: Wenn man von ihnen redet, sollen sie sich dem Schiff nähern und versuchen, es zu zerstören ... Jeder, der auf See ihren Namen nennt, wird durch Essensentzug bestraft. Wenn man also auf dem Meer von Walen sprechen will, redet man nur von „großen Fischen“.

Die Isländer glauben auch, daß einige Walarten eine besondere Vorliebe für Menschenfleisch hätten. An Orten, an denen sie Menschen „erbeuten“, sollen sie sich ein ganzes Jahr aufhalten. Deshalb vermeiden die Fischer tiefe Gewässer, in denen Wale schon viele Schiffe versenkt haben. Geschichten von Seeleuten, die irrtümlicherweise einen schlafenden Wal für eine Insel gehalten haben, sind weit verbreitet. Wenn der Wal dann aufwachte, tauchte er, und die Menschen auf seinem Rücken ertranken. So auch in der Legende vom heiligen Brandanus, dem irischen

In der Legende vom heiligen Brandanus wird von den Ozeanfahrten des Heiligen erzählt. In der symbolischen Geschichte steht der Ozean für Gott, das Schiff in den ewigen Fluten für die Kirche. Um ins Paradies zu kommen, muß der Mensch verschiedene Prüfungen bestehen. Brandanus und seine Begleiter müssen erst drei Monate Sturm, dann ein Ungeheuer – „stärker als 15 wütende Stiere“ – überstehen. Während ihrer Reise treffen sie auf eine Insel, die weiß wie eine Schafherde, dann auf eine andere, die schwarz und dürr ist. Sie versinkt vor den Augen des Mönchs. Eine Kirche aus Kristall erscheint auf dem Meer. Später sieht Brandanus Flammen und Rauch der Hölle. Manchmal schwimmen auf den Wogen große Nüsse, die eine duftende, milchähnliche Flüssigkeit enthalten ... Das ist kein Märchen. Die geographische Realität ist hinter den Symbolen zu erkennen: Die Schafsinsel ist eine der Färöer-Inseln, die Nüsse mit der süßen Milch sind Kokosnüsse, die man auf den Kanaren, den Azoren oder auf den Antillen findet. Die versinkende schwarze Insel ist ein Wal. Brandanus lebte wirklich. Er wurde 484 n. Chr. in Irland geboren und ist einer der Mönche, die Gallien und die Hebriden missionierten.

Benediktinerabt, der 565 n.Chr. auf dem Atlantik nach Westen segelt, um das Heilige Land zu finden. Während der Reise legt er mit seinen Mannen auf dem Rücken eines riesigen Wals an. In aller Ruhe errichtet der heilige Mann darauf einen Altar und feiert eine Messe. Doch sein Irrtum hat keine tragischen Folgen, denn der Wal läßt ihn seine Messe beenden.

Das „Amitori" ist eine japanische Jagdmethode, die im 16. Jahrhundert praktiziert wird. Das Fangprinzip ermöglicht es den Japanern, besonders große Walarten wie Pottwale und Finnwale zu jagen, die die Europäer meiden.

In Japan verehrt man die Seelen der toten Wale und ihrer Jungen.

Im Japanischen Meer liegt die Insel Seikai-To. Dort betet man noch heute in einem buddhistischen Tempel der Stadt Kayoiura für die Seelenruhe der von den Jägern getöteten Wale. Die religiöse Feier beginnt am 29. April und

dauert fünf Tage. Schon seit 1679 gibt es diesen Brauch. In dem Tempel steht ein Reliquienschrein, der Seigetsu-An, neben dem sich ein Grab und ein Granitmonument von 2,20 m Höhe befinden. Früher wurden die Walembryos, die während der Zerlegung aus dem Mutterleib genommen wurden, dorthin gebracht, verbrannt und ihre Asche in Strohmatten beigesetzt. Die Fischer selbst hatten um ein Grab und um die Zeremonie für sie gebeten, denn sie waren von der tiefen Zuneigung der Walmütter zu ihren Jungen betroffen. An diesem Grab brachten sie wertvolle Opfer, und die Mönche trauerten um die Wale wie um einen Menschen. Es existiert sogar ein Totenverzeichnis, in dem man jeden toten Wal mit den genauen Fangdaten eintrug. Außerdem erhielt jedes Tier auch einen buddhistischen Namen.

Das „Amitori" ist Walfang mit dem Netz. 200 bis 400 Jäger fahren in 20 bis 40 Barken aufs Wasser hinaus. Da die Netze in tiefem Wasser zu klein sind, treibt ein Teil der Jäger den Wal zunächst in seichte Uferregionen. Wenn das gelungen ist, werfen die dort an drei festgelegten Orten wartenden Boote auf ein Signal des Mannschaftsleiters hin gleichzeitig ihre Netze aus. Die Treiber brüllen und schlagen auf die Seiten ihrer Boote, bis sich der verwirrte Wal schließlich in den Netzen verfängt. Sobald er dann auftaucht, um Atem zu schöpfen und sich zu erholen, wird er harpuniert.

Schon die Menschen der Urzeit jagten Wale...

Schon seit langer Zeit wird von verschiedenen Völkern die Waljagd betrieben: von den Basken, den Norwegern, den nordamerikanischen Indianern, den Inuit und den Japanern.

Seit der Entdeckung eines Pottwalzahns in der *paläontologischen** Fundstätte von Bedeilhac im französischen Departement Ariège fragt man sich, ob die Bewohner der Küsten schon in prähistorischer Zeit Wale gejagt haben. Es ist jedoch wahrscheinlicher, daß die ersten Wale nicht von Jägern erlegt wurden, sondern daß es sich um an der Küste gestrandete Tiere handelte, die dann gegessen und verarbeitet wurden.

Zerlegen eines Wals im 16. Jahrhundert. Die Männer ziehen lange Speckstreifen von seinem Körper und zerkleinern sie mit einem Beil.

* Kursive Begriffe siehe Glossar Seite 214.

Man kann annehmen, daß der Walfang von den Bewohnern der Aléuten oder den Inuit auf Grönland „erfunden“ wurde. Dort bestreicht man eine kleine Harpune, die aus dem Stoßzahn eines Walrosses geschnitzt ist, mit Gift, stößt sie in das Tier und folgt ihm, bis es stirbt.

Zu Beginn des Mittelalters treiben die Norweger die kleinen Wale in die engen Fjorde, wo die Tiere dann von den Jägern mit Lanzenstichen getötet werden. Die Technik der Treibjagd nennt man „Grind“. Dabei kommt es auch vor, daß einige der getriebenen Wale entkommen. Diese verfolgt man aufs offene Meer. Damit beginnt die eigentliche Geschichte des Walfangs.

Noch bevor die Menschenmenge eintrifft, die von der Strandung eines Wals angezogen wird, messen zwei Männer den großen Tümmler aus. Man findet Tümmler und Delphine, die an ihrem schnabelartigen Maul zu erkennen sind, in allen Meeren. Sie kommen vor allem bei den Färöer-Inseln, im Nordmeer und vor der Küste Nordamerikas vor und leben in Gruppen von 6 bis 20 und mehr Tieren. Massenstrandungen sind daher viel häufiger als die auf diesem Stich dargestellte Strandung eines einzelnen Tieres.

Zweites Kapitel

DIE GROSSEN MEERESSÄUGER

Anfangs fragen sich die Menschen, ob sie säugetierähnliche Fische jagen oder fischähnliche Säugetiere. Die Walfänger selbst glauben es mit Fischen zu tun zu haben. Ein Matrose schreibt: „Die Wale haben eine glatte Haut wie Fische, sie haben Flossen wie Fische, und sie haben einen Schwanz wie Fische. Daraus schließe ich, daß die Wale Fische sein müssen."

Auf diesem alten Kupferstich (links) wirft die Besatzung eines Schiffes viele Harpunen auf einen Wal. Wahrscheinlich ist hier einer der sehr seltenen Angriffe eines Wals auf ein Schiff und nicht eine Walfangszene dargestellt.

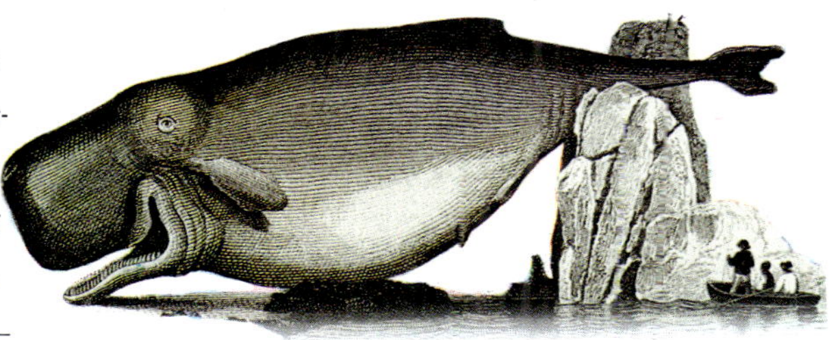

Jahrhundertelang jagt der Mensch den Wal. Doch man weiß kaum etwas über das Tier, da man es nur tot kennt. Daher hat man nur annähernde und fehlerhafte Vorstellungen von seiner Lebensweise. Bis zur ersten Hälfte des 19. Jahrhunderts kennt die Mehrzahl der Menschen Wale nur aus Erzählungen von Matrosen und Walfängern.

In seinem Roman „Redburn oder Seine erste Reise" berichtet Melville, daß die Seeleute eine Herde von See-Elefanten für Wale halten, die sie erschrecken und faszinieren. Ein alter Walfänger, der zur Mannschaft gehört, klärt sie auf: „Pottwale sind das nicht (...), dazu ist ihr Atemstrahl nicht buschig genug. (...) Es sind auch keine Buckelwale, denn sie haben keinen Buckel. Auch Finnwale sind es nicht, denn man würde nie einen Finnwal so nahe beim Schiff finden. Es sind auch keine Grönlandwale (...). Ich will Euch sagen, Jungs, was es sind. Krinkumkrankumwale sind es."

Die Beobachtungen der ersten Walfänger sind erstaunlich genau.

Ohne die wissenschaftlichen Erkenntnisse, die wir heute über Wale besitzen, haben sich die Walfänger während einer langen Zeit dennoch ein recht großes Wissen angeeignet, besonders über die Arten, die man jagen kann, und die, die man besser meidet. Auch wissen sie Bescheid, in welcher Jahreszeit und an welchen Fangorten die Wale am besten zu jagen und wie sie zu harpunieren sind. Sie kennen auch die enge Beziehung, die zwischen den einzelnen Tieren einer Walfamilie besteht. Daher harpunieren die

Walfang bei grönländischen Inuit im 17. Jahrhundert. Auf dem Stich ist eine sehr alte Jagdtechnik dargestellt: Gejagt wird mit einer Harpune, die mit einem Schwimmer verbunden ist. Wenn der Wal von vielen solchen Harpunen getroffen ist, wird er von den Schwimmern so behindert, daß er eingeholt und getötet werden kann. Für die Inuit ist der Fang eines Wals ein ganz besonderes Ereignis, da er die Versorgung eines ganzen Dorfes mit Rohstoffen sicherstellt: Knochen für Schlitten und Kajaks, Kiefer- und Rippenknochen für das Gerüst der Zelte, Haut für Riemen, Gürtel und Schuhwerk, Elfenbein für Schäfte und Spitzen der Harpunen, Barten für Fallen und Bögen, Speck als Nahrungsmittel und Köder, Fleisch als Vorrat für den langen Winter und Öl für Beleuchtung und Heizung.

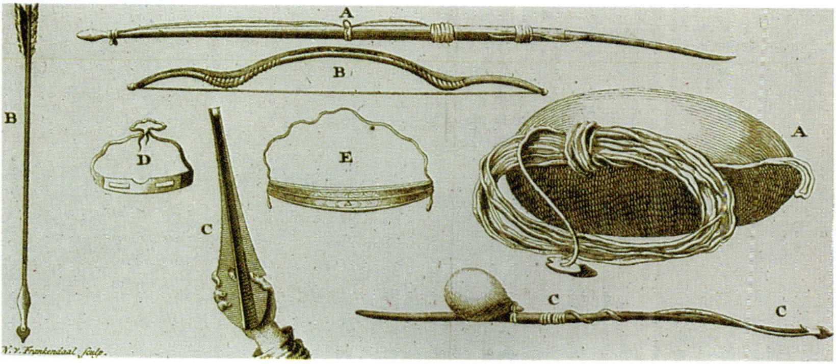

Ausrüstung eines Inuit: die große Harpune mit der Leine aus Wal- oder Seehunddarm und mit einem Schwimmer, der aus einer Harnblase gemacht ist (A), Pfeil und Bogen (B), die kleine Harpune mit Schwimmblase (C), eine Schneebrille aus Walelfenbein, um die Augen vor der Reflexion des Schnees zu schützen (D), Brustschmuck aus Seehund- und Walroßzähnen (E).

Walfänger immer zuerst das Waljunge, dann die Walmutter und zuletzt das männliche Tier: So können sie sicher sein, daß keines der Tiere zu fliehen versucht. Auch Grindwale verharren bei zwei oder drei getöteten Tieren aus ihrer Gruppe. Den Schwertwal, den man auch Orca oder Mörderwal nennt, jagen die ersten Walfänger noch nicht: Sie glauben, daß man dann mit einem Gegenangriff der ganzen Herde rechnen müsse. Zusammenfassend kann man sagen, daß das Wissen über Wale so alt ist wie die Jagd auf sie.

Erst im 18. Jahrhundert kommt man zu ersten wissenschaftlichen Erkenntnissen über die Wale.

Sind Wale nun Säuger oder große Fische? Schon im 4. Jahrhundert v. Chr. ordnet der griechische Philosoph Aristoteles die Wale den Säugern zu. Später behauptet Plinius der Ältere, daß es Fische seien. Viele Zoologen folgen seiner Ansicht. So hält man Wale 16 Jahrhunderte lang für Fische. Erst in der zehnten Ausgabe seines „Systema Naturae“ (1758) werden sie von dem schwedischen Naturforscher Carl von Linné endgültig den Säugetieren zugeordnet. Einige Jahre später schreibt der französische Zoologe Georges Cuvier: „Der Wal ist ein Säugetier ohne Hinterbeine.“ Im 18. Jahrhundert beginnen sich die großen Zoologen Linné, Cuvier und L. J. M. Daubenton mit der Erforschung der Wale zu beschäftigen.

In naturhistorischen Museen werden die ersten Walskelette rekonstruiert. Die Zoologen entdecken dabei Ähnlichkeiten mit den Skeletten zweier fossiler Landsäuger und folgern aus ihren Untersuchungen, daß die Wale zu einer sehr alten Säugetierfamilie gehören, die wahrscheinlich mit den fossilen Landsäugern gemeinsame Vorfahren haben. Das älteste bekannte Walfossil ist etwa 40 Millionen Jahre alt und stammt aus dem Eozän (vor etwa 65 bis 40 Millionen Jahren).

In den Jahren um 1830 stellt man im Royal College in London das Skelett eines Grönlandwals für die Öffentlichkeit aus. Das Skelett zeichnet sich durch seinen im Vergleich zum übrigen Körper riesigen Kopf aus. Der große Bogen, den die Kieferknochen bilden, wird von den langen Barten ausgefüllt.

Die viele Millionen Jahre alte, geheimnisvolle Geschichte der Wale.

An der Herkunft der Wale gibt es keinen Zweifel: Sie haben sich an Land entwickelt. Doch man kann leider anhand der wenigen Fossilien, die man gefunden hat, nicht nachzeichnen, wie sie zu Wassertieren wurden. Wir wissen lediglich sicher, daß die Zahnwale *(Odontoceti)* eine viel ältere Art der Wale sind als die Bartenwale *(Mysticeti)*. Fest steht jedoch, daß die Wale ihren Lebensraum im Meer fanden und dort blieben.

Die Vorderglieder entwickelten sich zu Flossen, während die hinteren Gliedmaßen bis auf einen rudimentären Beckenknochen zurückgebildet wurden. Die Schwanzflosse der Wale steht, im Gegensatz zu der vertikalen Schwanzflosse der Fische, horizontal. Sie erleichtert die Aufwärtsbewegung und erlaubt es dem Tier aufzutauchen, um Atem zu holen. Wichtig für die Anpassung an das Leben im Wasser ist auch, daß der Kopf übergangslos mit dem Körper verbunden ist. Außerdem sind die Ohren, die männlichen Geschlechtsorgane und die Brustdrüsen, die bei Säugetieren an Land in der Regel sichtbar sind, in Hautfalten verborgen. Dadurch ist der Wal dem Leben im Wasser sehr gut angepaßt.

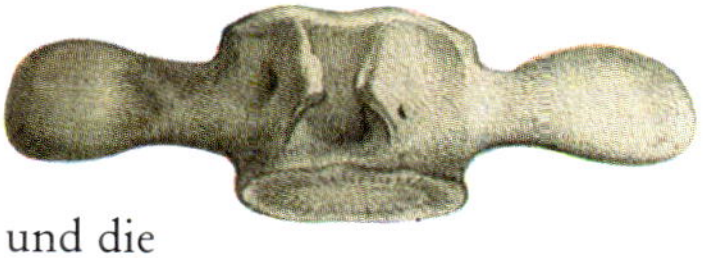

Wirbelknochen eines Glattwals.

Wale haben eine glatte Haut, unter der eine dicke Fettschicht, der Blubber, liegt, die Schutz gegen die Kälte bietet und dem schweren Körper genügend Auftrieb gibt. Das Auge ist der Sicht unter Wasser angepaßt, und die Nasenlöcher, die sogenannten Spritzlöcher, sitzen am höchsten Punkt des Schädels. Äußerlich scheinen sich die Wale zwar zu Fischen entwickelt zu haben, doch ihre konstant warme Körpertemperatur, ihr Verdauungsapparat, ihre Atmungsorgane, ihre Fortpflanzung und das Säugen ihrer Jungen weisen sie als Säugetiere aus.

Die Ordnung der Wale teilt sich in zwei Unterordnungen auf: die „Mysticeti" und die „Odontoceti".

Die Einteilung der lebenden Formen in Klassen nennt man *Taxonomie*. Wale werden aufgrund der Form des Gebisses in zwei Klassen eingeteilt.

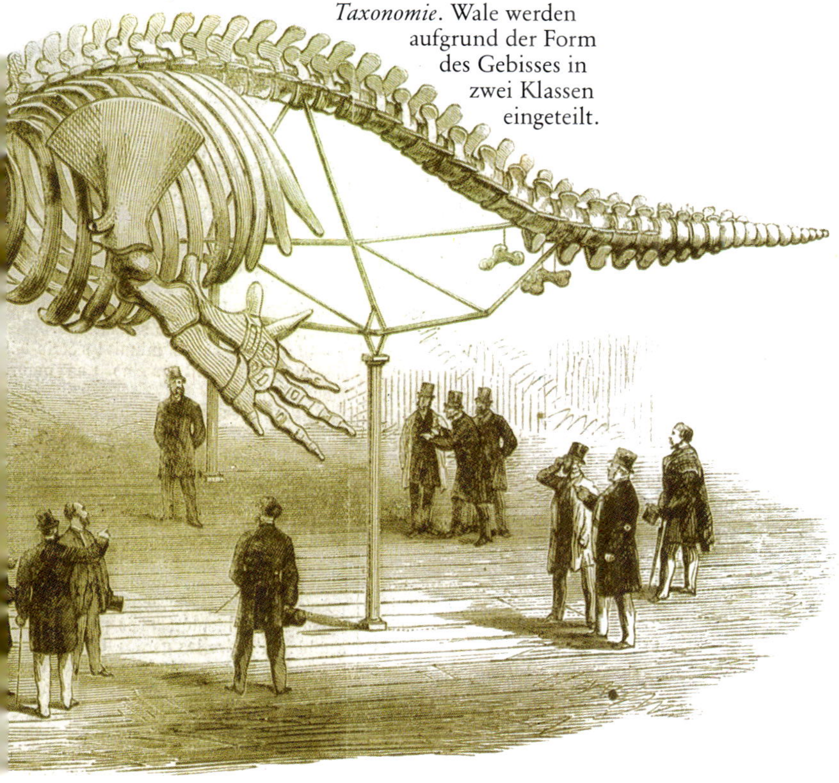

Die Mysticeti (Furchenwale, Glattwale und Grauwale) haben Barten. Das sind Hornplatten, zurückgebildete Zähne, die aus dem Gaumen wachsen. Sie sind dreieckig und an den unteren Enden und gegen das Maulinnere zerfranst. Die zahlreichen Barten (bis zu 800 beim Blauwal) liegen sehr eng beieinander. Darin verfängt sich das Plankton, von dem sich die Tiere ernähren. Die Odontoceti (Delphine, Tümmler, Pottwale u. v. a.) haben Kiefer mit kräftigen, konischen Zähnen, die alle eine ähnliche Form haben. Sie dienen dazu, die Beute zu packen, bevor sie verschluckt wird. Die Odontoceti haben nur ein Spritzloch, während Mysticeti zwei besitzen.

Walbarten (links). Die Wale haben eine bestimmte Technik, um das Plankton in ihren Barten zu fangen: Sie schwimmen mit geöffnetem Rachen durch das Wasser und nehmen dabei soviel Plankton wie möglich auf. Dann schließen sie das Maul, drücken die Zunge an den Gaumen und pressen so das Wasser aus der Mundhöhle durch den Filter der Barten hinaus. Das Plankton bleibt in den Barten hängen.

Die Mysticeti werden wiederum in drei große Familien eingeteilt: zunächst die *Balaenidae,* die Glattwale. Sie sind wenig beweglich, bevorzugen gemäßigte Temperaturen und ernähren sich von Kleinstlebewesen. Sie sind die bevorzugte Beute der Walfänger, von denen sie als „richtige" Wale bezeichnet werden. Sind sie tot, treibt ihr Kadaver auf dem Wasser, während tote Zahnwale sinken. Grönlandwal, Nordkaper und Zwergglattwal gehören zu den Balaenidae. Die zweite Familie, die *Eschrichtiidae* besteht nur aus einer Walart: dem Grauwal. Finnwale und Buckelwale stellen schließlich die Gruppe der *Balaenopteridae* dar. Dazu gehört auch der Blauwal, das größte Tier, das je auf Erden lebte. Trotz seiner Größe erreicht er erstaunliche Geschwindigkeiten (bis zu 15 Knoten). Der Blauwal wurde immer stark bejagt. Deshalb gibt es von ihm heute nur noch ein paar tausend Tiere.

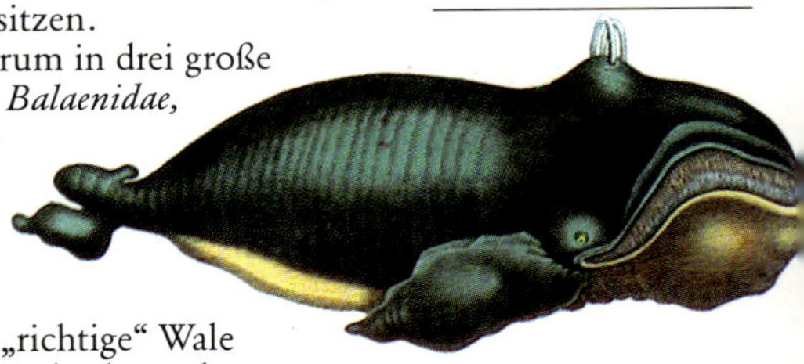

Glattwal

Die andere Unterordnung der Wale (*Cetacea*), die Odontoceti, umfaßt einige wichtige Familien. Da sind vor allem die Ziphiidae (Schnabelwale), die Platanistidae (Fluß-

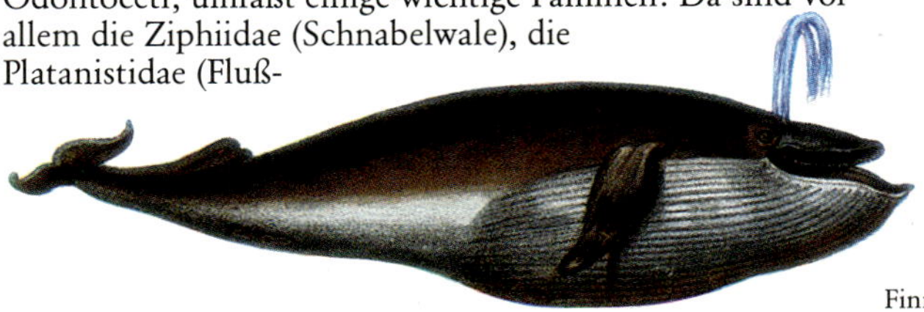

Finnwal

delphine), die Phocoenidae (Schweinswale), die Delphinidae (Glattdelphine) und die Physeteridae (Pottwale).

Delphin

Die Waljäger nennen den Pottwal „großer Stier der Meere“ und „Kaiser des Ozeans“.

Diese Waldarstellungen stammen aus dem 18. Jahrhundert. Sie zeigen die Tiere in aufgeblähtem Zustand. Das kommt daher, daß man damals die Wale außerhalb des Wassers zu sehen bekommt, wenn sie meist schon durch Fäulnis aufgedunsen sind. Heute, da man sie in Bewegung und lebendig im Wasser beobachten kann, kennt man sie in ihrer natürlichen, länglicheren Form.

Wenn der Pottwal gejagt und verletzt wird, kommt es in vereinzelten Fällen dazu, daß er seinen Feind angreift. Dabei benutzt er seinen Kopf als Rammbock. 1819 und 1850 sinken die Dreimaster „Essex“ und „Ann Alexander“, nachdem ein Pottwal den Schiffsrumpf eingeschlagen hat.

Der wissenschaftliche Name des Pottwals ist Physeter macrocephalus (Blaser mit großem Kopf). Die Männchen können bis zu 20 m lang werden. Im Gegensatz zu anderen Walen sind die Weibchen viel kleiner als die Männchen. Sie werden selten größer als 12 m. Der Pottwal ist leicht an seinem großen Kopf zu erkennen, der ein Drittel seiner Körperlänge ausmacht. Die Zähne in seinem Oberkiefer brechen nicht durch, während im Unterkiefer etwa 40 konische Zähne aus Elfenbein stecken, die 18 cm lang werden können. Ein solches Gebiß läßt keinen Zweifel daran, daß der Pottwal Fische frißt. Seine wichtigste Beute sind Tintenfische aller Größen. Besonders bevorzugt er Kraken und Riesentintenfische (Architeuti), die in großen Tiefen leben und mehrere Tonnen wiegen können.

Pottwal

Pottwale leben in Herden, die aus mehreren großen Männchen und ihrem jeweiligen „Harem“ (Pottwale gehören zu den wenigen nicht *monogam* lebenden Walarten) bestehen. Wenn der junge Pottwal seine volle Größe erreicht hat, wird er von der Sippe vertrieben und schließt sich an umherziehende Gruppen junger Männchen an, die manchmal aus bis zu 50 Tieren bestehen können.

Man nimmt an, daß der junge Pottwal, wenn er ausgewachsen ist, mit Leittieren von Sippen, auf die er trifft, kämpft. Im Fall eines Sieges übernimmt er die Herde. Besiegte Tiere dagegen ziehen allein oder in Gruppen durch die Meere.

1
2
3
4
6
8
9

Größe und Gewicht der einzelnen Walarten sind sehr unterschiedlich. Die Länge des kleinsten Wals, des Delphins, schwankt zwischen 1,5 und 2,5 m, und das Gewicht liegt zwischen 80 und 300 kg. Der größte Wal, der Blauwal, kann bis zu 30 m lang werden und bis zu 150 t wiegen. Die Abbildung (links) verdeutlicht den Unterschied zwischen dem kleinen Flußdelphin (1), dem Finnwal (2) und dem Blauwal (3), dem größten Tier, das je auf der Erde gelebt hat. Der Nordkaper (4) erreicht eine Länge von 17 bis 18 m und kann 50 t wiegen. Die anderen abgebildeten Wale sind der Buckelwal (5), der Pottwal (6) – der größte Zahnwal –, der Schwertwal oder Orca (7), der Narwal (8), bei dem das Männchen einen langen Stoßzahn trägt, und der Grauwal (9), der zu Beginn des Jahrhunderts so intensiv bejagt wurde, daß er heute fast ausgestorben ist.

Bevor im 19. Jahrhundert die große Zeit der Waljagd beginnt, erreichen die Pottwale gigantische Ausmaße: So erlegt man 1841 im Pazifik einen Einzelgänger von 27,5 m Länge.

Das Leben der Bartenwale, der bevorzugten Beute der Walfänger, wird von einer jährlichen Wanderung bestimmt.

Die Ernährung der Mysticeti besteht im wesentlichen aus Massen von Plankton. Das sind kleine Lebewesen, die im Meer treiben. Die winzigen tierischen Lebewesen treiben je nach Strömung in den oberen oder mittleren Schichten des Ozeans. Riesige Mengen von *Krill,* Krebse der Familie Euphausidae und wichtiger Bestandteil des Planktons, verfangen sich im Sieb der Barten der Buckel- und Furchenwale.

Die besondere Zusammensetzung der Nahrung und die erstaunliche Art der Wale, sich zu ernähren, beeindruckt die Walfänger. Daher bezeichnen sie das Plankton gerne als Meeresweiden und die Bartenwale als „Kühe des Meeres". Krill gedeiht besonders in den kalten Gewässern der polaren Zonen im Überfluß.

Gegen Ende des Winters unternehmen die Wale Wanderungen von 6000 bis 8000 km zu den kalten, polaren Gewässern. Während der kurzen Sommermonate

Geburt eines Wals

nehmen sie Tonnen von Krill auf. Die Walfänger wissen das wohl: Sie versuchen, während dieser Periode so viele Wale wie möglich zu fangen, da sie dann besonders fett sind.

Das norwegische Wort „Krill" bezeichnet das tierische Plankton, das die Nahrung der Bartenwale darstellt. Davon ist ein 7–8 cm langer Krebs (Euphausa superba), der vor allem in den polaren Gewässern vorkommt, die bekannteste Art.

Wale gehören zu den wenigen Säugetieren, die sich im offenen Meer fortpflanzen.

Die im allgemeinen monogam lebenden Tiere bringen ihre Jungen alle auf die gleiche Art zur Welt. Das Baby gleitet aus dem Bauch der Mutter, den Schwanz voran, kommt mit Unterstützung des Muttertiers oder einer Hebamme an die Wasseroberfläche, um seinen ersten Atemzug zu tun, und taucht dann wieder unter. Die Mutter säugt es an ihren zwei einziehbaren Zitzen, die an den Seiten des Geschlechtsorgans sitzen. Sobald sich das Waljunge an den Brüsten festsaugt, stößt die Mutter einen mächtigen Milchstrahl aus. Die Milch besteht vor allem aus Fett und enthält achtmal soviel Proteine wie die menschliche Milch. Diese Nahrung bekommt dem Jungen, das schnell wächst. Die mütterliche Zuwendung ist bei den Walen sehr ausgeprägt. Das machen sich die Walfänger zunutze: Sie töten zuerst die Jungen, dann brauchen sie nur noch die Elterntiere zu harpunieren, die das tote Junge verzweifelt umschwimmen.

Der Kleine und der Große

Der Grauwal ist 14 m lang und wiegt bis zu 35 t: Er ist einer der kleinsten Bartenwale. Er gehört zu der Familie der Eschrichtiidae und wandert von den arktischen Gewässern bis vor die Küste Südkaliforniens, wo er seine Jungen zur Welt bringt. Der Grauwal ist die einzige Walart, die sich von Lebewesen vom Meeresboden ernährt, von Krabben und Meereswürmern. Laut der Aussage eines Kapitäns sieht man ihn manchmal „mit schlammbesudeltem Maul" an der Wasseroberfläche.

Der Pottwal kann bis zu 18 m lang und 58 t schwer werden und ist damit der größte Zahnwal. Er gehört zur Familie der Physeteridae und lebt in allen Ozeanen der Erde, besonders in den ozeanischen Gräben. Die große Zahl (1,5 Millionen Anfang des 19. Jahrhunderts) und sein hoher Marktwert (ca. 10 000 l Öl pro Wal) sind Ursache für das goldene Zeitalter des Walfangs in den USA. Er ernährt sich ausschließlich von Kopffüßern (Riesentintenfischen, Kraken etc.).

RICHARD ELLIS

Der berühmteste Wal

Der Nordkaper ist zwischen 15 und 18 m lang und wiegt bis zu 50 t. Er gehört zur Familie der Balaenidae und ist der am meisten gejagte Bartenwal. Er ist wegen seiner dicken Speckschicht, die bis zu 40 cm stark werden kann, bevorzugte Beute. Am Anfang des 19. Jahrhunderts verschwindet er aus den arktischen Gewässern und wird im 20. Jahrhundert fast vollständig ausgerottet. Mit seinen verzerrten, scheinbar lächelnden Lippen und dem Maul, das ein Drittel der Körperlänge ausmacht, sieht der Nordkaper aus wie die Karikatur der Wale. An seinem Kopf bilden sich Hautwucherungen, deren Bedeutung man bislang nicht klären konnte. Er ernährt sich von Krill, den er im Überfluß in den Küstengewässern findet, besonders vor den Küsten Amerikas, Alaskas, Madeiras, Japans und Neuseelands. Im Winter wandert er zu den äquatorialen Gebieten und im Sommer wieder in polare Breiten.

Der Eleganteste

Der Buckelwal, der zu den Balaenopteridae gehört, kann 16 m Länge und ein Gewicht von 40 t erreichen. Er kommt in allen Ozeanen der Erde vor. Während der Fortpflanzungszeit wandert er von den polaren Regionen die Küsten entlang in die tropischen Gewässer. Auf der Rückwanderung, auf der er viel Nahrung zu sich nimmt, bewegt er sich nicht so nahe an den Küsten. Der Buckelwal ist zwar leicht zu fangen, versinkt aber nach seinem Tod im Wasser. Daher beginnt man trotz seiner dicken Speckschicht und den fast 70 cm langen Barten erst spät, ihn zu jagen. Inzwischen sind seine Bestände besorgniserregend zurückgegangen. Die Art ist jetzt geschützt, doch nur ein absolutes Moratorium über Jahre hinweg kann vielleicht noch bewirken, daß sich die Bestände wieder erholen. Der Buckelwal fasziniert die Menschen, da er gefährliche Sprünge rückwärts aus dem Wasser macht. Außerdem kann er mit den Flossen liebevoll und zärtlich sein.

Die Zähne des Meeres

Der Schwertwal ist ein gefräßiger Räuber, der manchmal sogar große Wale angreift. Er ist ein Zahnwal, gehört zur Familie der Delphinidae und ist der größte der Delphine. Er kann 9 m lang und 8 t schwer werden, und seine dreieckige Rückenflosse ist etwa 1,8 m lang. Der Schwertwal lebt in Schulen von 5 bis 20 Tieren, kommt in allen Ozeanen, in allen Breiten vor, bevorzugt jedoch die kühlen Gewässer.

Der Narwal aus der Familie der Monodontidae lebt im Arktischen Meer. Die Männchen sind leicht an ihrem „Stoßzahn“ (durchschnittlich 3 m lang) erkennbar, der von rechts nach links gedreht ist. Das lange Horn ist der linke der beiden Zähne im Oberkiefer, der durch die Lippe herauswächst. Nachdem der friedliche Wal in Nowaja Semlja und in Franz-Joseph-Land verschwunden ist, kommt er heute nur noch in den kanadischen und grönländischen Gewässern vor, wird bis heute gejagt und ist vom Aussterben bedroht.

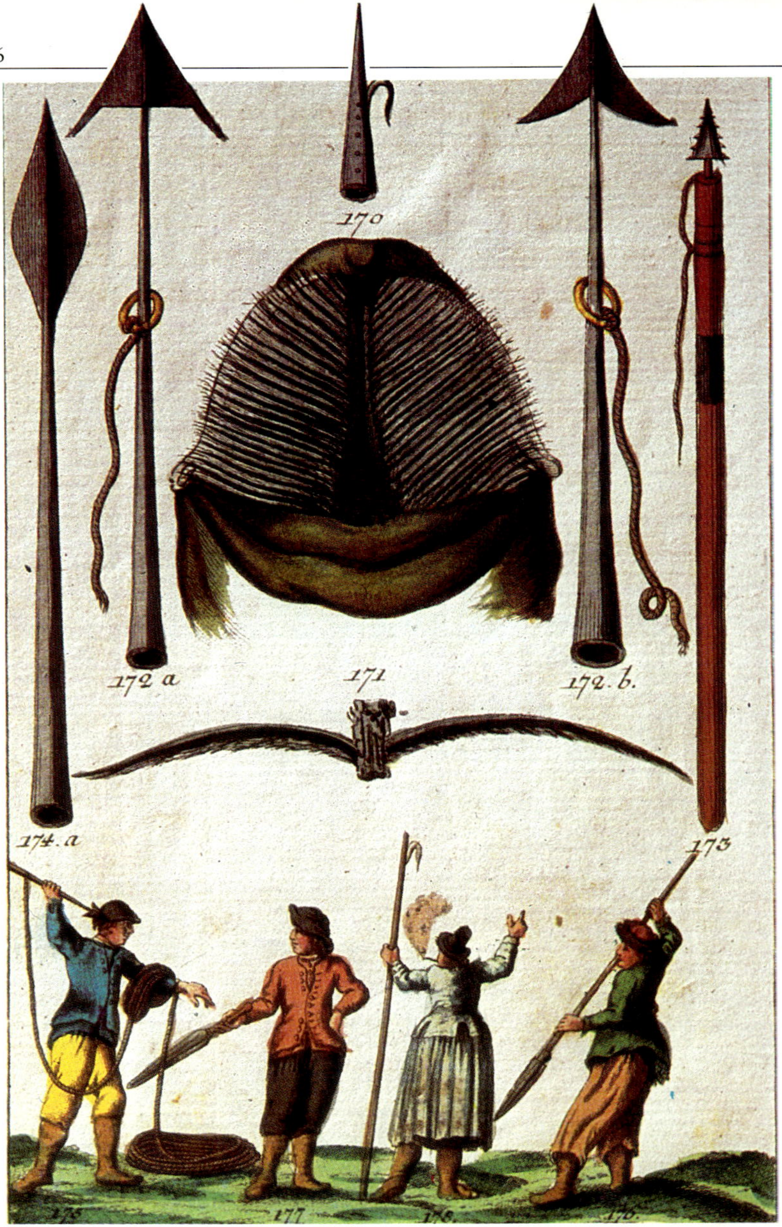
170
172 a
171
172. b.
174. a
173
175
177
178
176

Drittes Kapitel
DIE ERSTEN JAGDEN

Die Basken sind das erste Volk, das im frühen Mittelalter beginnt, Wale auf offener See zu jagen. Sie benutzen dafür „freie Harpunen“, d. h. Harpunen, die durch eine Fangleine mit einem Walfangboot verbunden sind. Die Wale werden also nicht von einem Schiff aus verfolgt, sondern von kleineren Booten. Die Jäger schleudern so viele Harpunen wie möglich nach einem einzigen Wal. Das ist der eigentliche Beginn des großen Walfangs.

Die Holländer auf Spitzbergen. Im Gefolge der Basken, den unbestrittenen Meistern des Harpunierens, machen sich auch andere Nationen auf die Jagd nach Walen. Im 16. Jahrhundert entdecken die Holländer reiche Fanggründe: die Fjorde von Spitzbergen.

Seit dem 9. Jahrhundert gewinnt die Waljagd im Baskenland große Bedeutung. Sechs Monate im Jahr halten sich viele Wale im Golf von Biskaya auf, um in den warmen Gewässern dieser Zone ihre Jungen zu werfen. Dabei handelt es sich vor allem um Nordkaper (Eubalaena glacialis), die die Basken Sarda nennen.

Die Basken führen Techniken ein, die jahrhundertelang von den Walfängern auf der ganzen Welt angewandt werden.

Alljährlich im Herbst halten baskische Wachposten auf Türmen in Küstennähe Ausschau. Sobald sie eine Sardaherde erblicken, geben sie mit Trommeln, Glocken oder großen Feuern Alarm. Daraufhin werden sofort Boote zu

Im Jahr 1596 entdeckt Willem Barents, ein holländischer Seefahrer, auf der Suche nach einer Nord-Ostpassage in den Pazifik Spitzbergen. Dort sichtet er viele Wale. Das ist der Beginn des großen Ansturms der Walfänger auf den Norden. Hunderte von Schiffen unter den Flaggen von zehn Nationen suchen sich ihre Fanggründe in den Fjorden von Spitzbergen, Jan Mayen und Nowaja Semlja.

Holländische (linke Seite oben) und baskische (rechte Seite) Harpuniere. Seit dem 17. Jahrhundert engagieren Staaten, die Walfang betreiben, baskische Harpuniere zu astronomischen Summen. 1610 bezahlen die Engländer sechs baskische Harpuniere dafür, daß sie die englischen Seeleute die Kunst lehren, sich der Wale zu bemächtigen und sie zu töten. Da sich der Walfang als sehr lukrativ erweist, folgt man in anderen europäischen Häfen dem Beispiel der Engländer und rüstet ebenfalls Schiffe für den Walfang aus. Die Hälfte der Schiffsbesatzung, die im Frühjahr in See sticht, bleibt die Saison über in Spitzbergen.

Wasser gelassen. Die Jäger rudern, von an Land postierten Wachposten geleitet, in die Nähe ihrer Beute. An Bord befinden sich acht Ruderer, ein Harpunier und ein Steuermann. Mit den zerbrechlichen Booten nähern sie sich den Walen und greifen sie mit dreizackigen Harpunen an. Die getöteten Wale werden an den Strand geschleppt und dort zerlegt.

Der Walfang entwickelt sich sehr schnell zu einem wichtigen Industriezweig im Baskenland. An den Küsten Frankreichs und Spaniens entstehen die ersten kommerziellen Unternehmen. Man handelt mit Fleisch, Speck und Tran, aber auch die Barten sind sehr gefragt. Die Zunge des Sarda gilt als Delikatesse und wird auf den Märkten von Biarritz, Bayonne und Ciboure verkauft. Der Speck wird gepökelt und nach ganz Frankreich exportiert.

Doch um das Jahr 1400 wagen sich die Sardas nicht mehr bis an die baskische Küste vor. Haben sie verstanden, was sie im Golf von Biskaya erwartet? Auf jeden Fall sind es zu wenige, um den Markt zu versorgen. So verlegen die Basken ihre Fanggebiete weiter nach Norden und jagen von Hochseeschiffen aus. Sie rüsten *Karacken,* die zum Teil über 20 m lang sind, mit mächtigen Segeln aus und werben ausländische Besatzungen, besonders Normannen, an. Die „vornehmen" Tätigkeiten, nämlich das Harpunieren und das Zerlegen, behalten sie sich selbst vor. Einige Zeit später werden die Karacken durch die schnelleren und besser an das Meer angepaßten *Karavellen* ersetzt. Damit verfolgen die Basken die Wale bis zu den Färöer-Inseln.

Angesichts dieser neuen Art der Jagd werden auch neue Verarbeitungs- und Konservierungstechniken eingeführt. Der getötete Sarda wird jetzt längs des Schiffes

zerlegt. Die Konservierung bereitet jedoch erhebliche Probleme: Verläßt das Schiff das rauhe Klima der nördlichen Regionen, verdirbt der Speck und beginnt zu stinken. Daher wird er schon an Bord ausgelassen und als Tran in Fässern gelagert.

Im 16. Jahrhundert verlagert sich der Walfang erneut. Die unaufhörlichen Kriege zwischen Frankreich und der spanischen Krone zerstören die florierenden Unternehmen der Basken. Zur selben Zeit machen Engländer und Holländer den Iberern die Herrschaft über die großen Seewege streitig. Sie rüsten ihrerseits Walfangschiffe aus und fangen an, Basken, die das „Metier" kennen, als Harpuniere und Flenser anzustellen.

Aber schon bald nachdem sie sich die Technik der Basken angeeignet haben, schicken sie diese kurzerhand nach Hause und untersagen ihnen sogar, weiterhin in den nördlichen Meeren zu jagen. Von nun an liefern sich Engländer und Holländer einen erbitterten Kampf um die Walgebiete vor Grönland.

Die Holländer errichten an den Küsten Spitzbergens die ersten Niederlassungen zur industriellen Verarbeitung von Walprodukten.

Vom Beginn des 17. Jahrhunderts an errichten die Holländer an den Küsten Spitzbergens *Walfangstationen.* Das sind richtige Städte, in denen sich neben Speckküchen,

Magazinen und Warenlagern alle Arten von Geschäften, Bäckereien und Herbergen ansiedeln. Sogar eine Kirche gibt es. Während der Fangsaison wimmelt es dort von Menschen. Im Winter, wenn nicht gejagt werden kann, sind die Städte tot.

Da die Wale sich oft in Küstennähe aufhalten, werden sie von leichten Booten mit sechs Mann Besatzung gejagt. Wenn die Jäger nahe genug am Tier sind, stoßen sie ihm eine Harpune, die durch eine lange Leine mit dem Boot verbunden ist, in den Leib. Der Wal zieht die Nußschale hinter sich her. Das ist der gefährlichste Teil der Jagd:

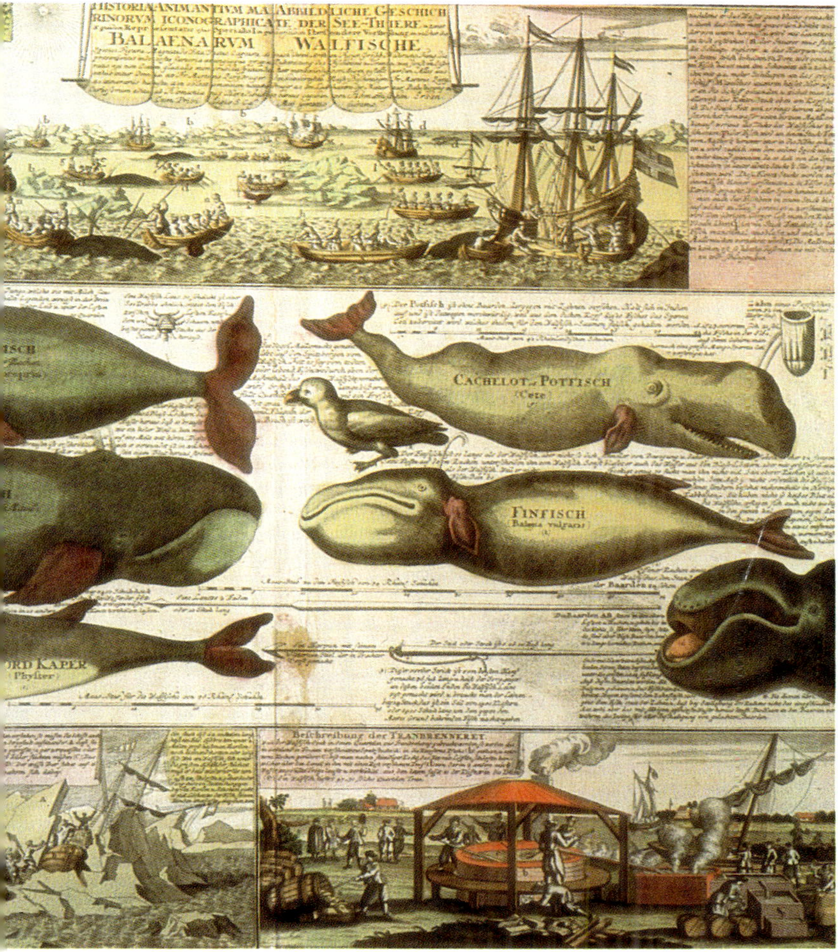

Wenn der Wal taucht, gibt man ihm Leine, um nicht zu kentern, schwimmt er an der Oberfläche, läßt man sich ziehen. Sobald der Wal Ermüdungserscheinungen zeigt, nähert sich das Boot so weit, daß man das Tier mit Lanzen töten kann. Danach schleppt man es ans Ufer und läßt es ein oder zwei Tage liegen.

Während des ganzen 17. Jahrhunderts finden jedes Jahr Tausende von Männern Arbeit beim „Sturm auf Walöl", der durch die Entdeckung von Spitzbergen ausgelöst wird.

Dann beginnt die Arbeit der Flenser. Sie trennen breite Speckstreifen ab, werfen sie zum Auslassen in große, runde Schmelzkessel und filtern den auf diese Weise gewonnenen Tran ab. Danach wird er in Holzfässer gefüllt. Zusammen mit den zu 60 Stück gebündelten gereinigten Barten werden die Fässer dann auf Hochseeschiffe verladen und in den holländischen Häfen verkauft.

Die wohlorganisierte Jagd erschöpft jedoch bald die Glattwalbestände des Nordatlantiks, wo sie wegen des

Im Jahr 1623 schießt die kleine Stadt Smeerenberg buchstäblich aus dem kargen Boden von Spitzbergen – nur durch das Aufblühen der Waljagd. Als echte „Pilzstadt“ ist Smeerenberg außerhalb der Jagdsaison ausgestorben.
In ihrer Blütezeit in den Jahren um 1630 gehören zu Smeerenberg bis zu 300 Walfangschiffe und 12 000 bis 16 000 zeitweilig Beschäftigte.
15 Jahre später verlagert sich das Jagdgebiet, und die Küstenstation wird verlassen.

Reichtums an *Plankton* ursprünglich sehr zahlreich waren. Die Tiere wandern nach Westen ab, an die Küsten Labradors und Kanadas. Die Dezimierung der Bestände der Glattwale hat schließlich den Niedergang der großen holländischen Niederlassungen zur Folge.

Ein Wal bringt gerade eines der vielen Boote zum Kentern. Im Hintergrund wird ein toter Wal zum Mutterschiff geschleppt.

Man beginnt, den längs des Schiffes festgebundenen Wal zu zerlegen. Die Flenser, von „Affenschnüren“ gehalten, schneiden den Speck in Streifen, die dann über einen Flaschenzug an Bord gehievt werden.

Schnitt eines Walfangschiffs. Man kann sehen, wie die Matrosen den Speck an Bord auslassen, abfiltern und als Öl in Fässer füllen, die vorsichtig in den Lagerräumen aufgestapelt werden.

Wenn sich der Fangort nahe der Küstenstation befindet, werden die erlegten Wale, die bis zu 100 t wiegen, mit Booten an Land geschleppt. Dort werden die Tiere von den Flensern zerlegt.

Der in kleine Stücke geschnittene Speck wird zum Auslassen in große, runde Schmelzkessel geworfen.

Das ausgelassene Öl wird in Abgußbottiche, halb mit Wasser gefüllte Behälter, gegossen. Haben sich die Verunreinigungen auf dem Boden des Gefäßes abgesetzt, schöpft man das auf dem Wasser schwimmende Öl in große Fässer ab.

Bis zum Anfang des 19. Jahrhunderts unterhält man in Neuengland die größte Walfangindustrie.

Am Ende des 17. Jahrhunderts entsteht in den neuenglischen Kolonien in Nordamerika eine große Walfangindustrie. Doch schon lange vor der Gründung der Kolonien jagen die Indianer von ihren Kanus aus nach Walen. Sie benutzen eine Harpune aus geschnitzten Walknochen, die durch eine Leine mit einem Schwimmer aus Seehundfell verbunden ist. Das harpunierte Tier wird verfolgt, bis es, vom Nachziehen des Schwimmers ermüdet, von den Jägern eingeholt und getötet werden kann.

Um 1650 gründen die Kolonien kleine Jagdunternehmen: Wie früher im Baskenland werden die Wale von Wachposten an der Küste ausgespäht. In den Jahren um 1670 ist der Walfang in Neuengland geradezu zu einer Industrie angewachsen, die ihre Produkte teils nach England und den anderen Kolonien, teils ins übrige Europa exportiert. An der ganzen Küste zwischen Long Island und Cape Cod werden zahlreiche Häfen für die Walfangindustrie ausgerüstet. Seit Ende des Jahres 1690 gewinnt Nantucket, auf einer Landzunge gelegen und bis dahin

Der Pottwal ist so gefürchtet, daß man ihn bis 1712 nicht jagt. Ein Walfänger schreibt im 17. Jahrhundert: „Der Pottwal hat mörderische Kiefer, die mit reißenden Zähnen besetzt sind, und einen Schlund, mit dem er einen ganzen Mann verschlingen kann."

ohne nennenswerte Einnahmequellen, an Bedeutung. Herman Melville beschreibt die Stadt so: „Seht es Euch an – nur ein Hügel und eine Zunge Sand, nur Strand ohne Hinterland." So leben die Bewohner der Stadt ausschließlich vom Fischfang, und schließlich wird Nantucket zum Zentrum des Pottwalfangs.

Der Beginn der Jagd auf Pottwale ist fast ein Zufall.

1712 wird Christopher Hussey, Kapitän eines Walfängers, auf der Suche nach Glattwalen durch einen Sturm weit von der Küste abgetrieben und findet sich in einer Pottwalherde wieder. Bisher haben die Waljäger Pottwale immer gefürchtet. Diese Wale leben in großen Herden, die bis zu 50 Tiere zählen können. Das soziale Verhalten in den Herden ist sehr ausgeprägt. Alle Tiere bleiben relativ eng beieinander, springen oder tauchen zur gleichen Zeit. Daher leben die Walfänger im Glauben, die Pottwale seien Soldaten einer mysteriösen Organisation, und sie fürchten sich vor ihnen. So ändern die Walfänger, wenn sie eine Pottwalherde sichten, lieber den Kurs, als daß sie sie angreifen.

Die Kodiak-Indianer von den Aleuten im Westen Alaskas jagen Wale mit Hilfe von mit Alkonit vergifteten Harpunen. Es genügt, den Wal damit leicht zu verletzen. Das Gift, die Strömung und der Wind tun ein übriges. Der tote Wal strandet dann meist an der Küste. Der Stamm, der ihn findet, sucht die Lanze mit dem Stammeszeichen des Jägers. Dieser wird sofort benachrichtigt und teilt die Beute mit dem Stamm, der den Wal gefunden hat.

An einem Tag im Jahr 1712 jedoch dreht Christopher Hussey nicht ab, als er Pottwale bemerkt, sondern greift ein Tier an, erlegt es und bringt den getöteten Wal an Land. Das wird in Nantucket wie eine Heldentat gefeiert. Nachdem man den Pottwal zerlegt und den Speck ausgelassen hat, erweist sich, daß er viel besseren Tran liefert als die anderen Walarten.

Dieses Ereignis markiert eine Wende in der Geschichte des Walfangs: Es ist der Anfang der Hochseejagd in großem Umfang. Drei Jahre später verfügt Nantucket bereits über sechs Jagdschaluppen (einmastige Segelschiffe). Am Anfang des Unabhängigkeitskriegs der Kolonien gegen das Königreich Großbritannien 1775 ist Nantucket eine blühende Walfangstation, die dank der Pottwaljagd große Gewinne verbuchen kann.

Zu dieser Zeit beträgt die jährliche Produktion der englischen Kolonien der Neuen Welt 45 000 Fässer Pottwalöl, 7 500 Pfund Walbarten und 8 500 Fässer Tran von anderen Walen.

Für die Walfangindustrie der Neuengländer ist der Unabhängigkeitskrieg eine Katastrophe: Die englische Marine kapert oder versenkt die amerikanischen Schiffe und greift die Häfen an. Die gefangengenommenen amerikanischen Matrosen haben die Wahl, entweder auf britischen Walfängern zu dienen oder in dunklen Kielräumen gefangengehalten zu werden.

Damit sind die amerikanischen, holländischen und französischen Flotten aus dem Rennen. Großbritannien hat nun freies Feld für die Waljagd …

Im 18. Jahrhundert jagen englische und schottische Walfangflotten auf den arktischen Meeren und dem Atlantik.

Im Jahr 1756 besteht die englisch-schottische Walfangflotte aus insgesamt 83 Schiffen. 20 Jahre später können sie – dank des Unabhängigkeitskriegs in den amerikanischen Kolonien – ihren Wirkungskreis auf den ganzen Atlantik ausdehnen, von dem polaren Meer vor Spitzbergen über die kanadischen Gewässer bis zu den östlichen Küsten Südamerikas.

Um gegen die Zerstörung durch Stürme oder Packeis gewappnet zu sein, haben die zwischen 300 und 400 t wiegenden Schiffe meistens drei Masten und einen verstärkten Rumpf.

Seit dem 18. Jahrhundert sind Amerikaner und Engländer die Herren der Walfanggebiete. Da Wale zu dieser Zeit in Spitzbergen selten werden, jagen sie im Packeis östlich und westlich von Grönland, in der Davis-Straße und in der Baffinbai. Die Schiffe, die die arktische Jagd betreiben, sind im allgemeinen Segelschiffe, dreimastige Barken oder Briggs. Sie sind aus Holz und sehr schwer gebaut, denn nur ein verstärkter Rumpf kann dem Druck standhalten, wenn das Schiff von Eis umschlossen wird.

Jedes Schiff ist mit vier bis sechs Walfangbooten ausgestattet: Das sind leicht manövrierbare, etwa 8 m lange Boote, die von einer sieben- bis achtköpfigen Mannschaft gerudert werden. Die erlegten Wale werden längs des Schiffes geschleppt und zerlegt. Das Fett wird in einem Kocher auf dem Deck ausgelassen und der Tran in Fässer abgefüllt, die man dann im Kielraum lagert.

Ende des 18. Jahrhunderts nimmt die Waljagd nochmals einen neuen Aufschwung: Das Walfangschiff „Emilia" umsegelt Kap Hoorn und macht im Pazifik reiche Beute. Die Laderäume sind buchstäblich randvoll mit *Walrat* und Tran. Nach diesem Erfolg senden die Engländer innerhalb von drei Jahren 23 Schiffe in den Pazifik. Für die neue Pazifikflotte werden Walfanghäfen in Australien und Neuseeland gegründet. Zu Beginn des 19. Jahrhunderts jedoch verliert der englische Walfang zunehmend an Bedeutung. Der Walbestand im Atlantik geht immer weiter zurück. Außerdem sind die Walfänger während des Kriegs gegen Frankreich ideale Zielscheiben für die Marine Napoleons. Zudem versenkt die amerikanische Fregatte „Essex" während des englisch-amerikanischen Seekriegs (1812–1814) zwölf Schiffe der englischen Walfangflotte. Das sind schwere Schläge, und England verliert wieder das Monopol auf den Walfang. Nach dem Friedensschluß von 1815 zwischen den USA und England erlebt der amerikanische Walfang einen neuen, noch größeren Aufschwung. Doch die neuen Fanggründe liegen im Pazifik.

Unter der Haut des Pottwals befindet sich eine gelbliche Speckschicht, die 30 cm dick und so widerstandsfähig ist, daß man sie abziehen kann, ohne sie zu zerreißen. Sie dient als Isolierschicht, die den Pottwal von Kopf bis Schwanz bedeckt, den Wasserdruck in großen Tiefen ausgleicht und seine Körpertemperatur von 37 °C konstant hält. Doch das Erstaunlichste ist eine Substanz im Kopf des Pottwals: der Walrat. Der Kopf eines großen Pottwals enthält bis zu 2000 l dieses Öls, von dem man annimmt, daß es dem Pottwal dazu dient, in große Tiefen abzutauchen. Das Öl erstarrt, wenn es mit Luft in Kontakt kommt, zu einer Art Wachs, aus dem man unter anderem Kerzen zieht.

Viertes Kapitel

DAS GOLDENE ZEITALTER DER AMERIKANISCHEN WALFÄNGER

Nantucket und New Bedford sind die zwei wichtigsten Namen in der Geschichte des Walfangs. Während der ersten Hälfte des 19. Jahrhunderts schießen die Häfen noch einmal wie Pilze aus dem Boden, und die Zahl der Walfangschiffe Neuenglands steigt blitzartig. 1816 werden allein in Nantucket und New Bedford 60 Schiffe ausgerüstet. Das Jahr 1835 ist der Anfang des goldenen Zeitalters der amerikanischen Walfänger, das ungefähr 35 Jahre anhält.

Die „Wanderer", das Juwel der amerikanischen Walfangflotte, ist der letzte Walfänger, der nur unter Segeln fährt. Er erleidet am 26. August 1924 Schiffbruch – nur 13 Meilen vom Hafen entfernt.

Nach dem Tief, das dem Unabhängigkeitskrieg folgte, nimmt nach 1815 die Walfangindustrie wieder einen gewaltigen Aufschwung. Zahlreiche amerikanische Seeleute, die auf englischen Schiffen angeheuert hatten, kehren nach Neuengland zurück. Innerhalb von sechs Jahren, zwischen 1835 und 1841, wächst die amerikanische Walfangflotte um 218 auf 421 Schiffe an. Gibt es 1835 noch nahezu 30 Walfanghäfen in Neuengland und dem Bundesstaat New York, so sind es schon zehn Jahre später 50 Walfanghäfen und eine Flotte von 600 Schiffen.

Jeder Hafen hat seine „Spezialität“: Die Seeleute aus New London jagen alle Glattwalarten, die aus Stonington sind vor allem auf arktische Wale aus, während die kleinen Walfänger aus Provincetown ihr Fanggebiet eher in den gemäßigten Zonen des Atlantiks haben. Die beiden Walfanghäfen jedoch, die Geschichte machen, sind Nantucket und New Bedford.

Durch die Walfänger von Nantucket wird die Waljagd zu einer der wichtigsten Einnahmequellen Neuenglands.

Um 1820 ist Nantucket der wichtigste amerikanische Fanghafen für Pottwale. Die Kais brechen fast unter der Last der Ölfässer zusammen. Man hält die Fässer mit Tang bedeckt, um zu verhindern, daß sie von der Sonne ausgetrocknet und brüchig werden. Der Preis für Tran klettert ständig, und auch die Nachfrage nach Walbarten steigt konstant.

Überall in der Stadt werden Fabriken zur Verarbeitung von Öl und Barten errichtet. Andere Unternehmen stellen Harpunen, Drahtseile und Kupfernieten her. Gegen 1830 verlassen jedes Jahr 72 Walfänger Nantucket. Die 30 000 Faß Öl, die sie liefern, werden in die ganze Welt verkauft: Man braucht das Öl, um die Maschinen zu schmieren, die in der gerade geborenen industriellen Fabrikation mehr und mehr an Bedeutung gewinnen. Die großen Städte Europas und Amerikas werden von mit Tran gespeisten Lampen beleuchtet. Zur Blütezeit Nantukkets gibt es zwar nicht viele Millionäre, aber so mancher erwirbt durch den Walfang ein Vermögen, das immerhin in die Hunderttausende geht, und das bedeutet damals sehr viel Geld. Es ist nichts Ungewöhnliches, daß sich ein Kapitän nach einigen erfolgreichen Reisen in noch verhältnismäßig jungem Alter zur Ruhe setzen kann.

„Die Segelmacherei an der Front Street in New Bedford ist auch bei großer Hitze frisch und luftig. Durch die halb geöffneten Dachfenster scheint das Licht und wird vielfach durch die großen Leinenstücke reflektiert. Die Segelmacher in ihren Schürzen nähen beschaulich die dicken Stoffe mit Hilfe großer Nadeln und ihrer Handleder (Lederstücke, die an den Handteller des Schneiders angepaßt und mit Metall verstärkt sind, damit die Nadel besser durch den Stoff gedrückt werden kann). Um alle Segel des Schiffs ‚Ulysse' zu nähen, braucht man Hunderte von Nadeln, 1100 m Leinentuch und kilometerweise Faden, der mit 20 kg Bienenwachs getränkt ist."

Jan Adkins, „Wooden Ship"

Doch nach und nach verliert Nantucket seine führende Stellung. Der Grund dafür ist eine Sandbank in der Hafeneinfahrt: Bald können nur noch relativ kleine Schiffe mit geringem Tiefgang dort einfahren. Doch für die neuentdeckten Jagdgebiete im Pazifik braucht man immer größere Walfangschiffe.

Die Fässer werden leer in die Schiffe geladen und während der Jagd mit Öl gefüllt. Da die Reisen oft mehrere Jahre dauern, kommt es öfter zu Wasserschäden an den Fässern: Mehr als eine Reise wird durch auslaufendes Öl zum Ruin des Schiffseigners. Von einer Walfangreise bringt man im Durchschnitt 1500 bis 2000 volle Fässer mit Walöl mit (ein Pottwal liefert 20 bis 40 Fässer).

New Bedford löst Nantucket als Zentrum des amerikanischen Pottwalfangs ab.

Vier Fünftel der amerikanischen Walfangflotte (mehr als die Hälfte aller Walfänger weltweit) stammen im Jahr 1850 aus New Bedford. Allein für das Jahr 1851 rüstet man dort 249 Schiffe aus, die auf allen Meeren auf Fang gehen. Sieben Jahre später liefern die Schiffe aus New Bedford Öl, Barten und Elfenbein in einem Gesamtwert von 6 000 000 Dollar an. Praktisch alle Einwohner der Stadt leben vom Walfang.

In der Stadt selbst dient Walöl oft als Tausch- und Zahlungsmittel. Viele Pfarrer und Lehrer werden in Ölfässern bezahlt. Verglichen mit Paris, London und New York ist New Bedford zwar nur ein kleines Dorf, doch ist dort das Pro-Kopf-Einkommen mit am höchsten in der Welt.

Die Kais von New Bedford sind sehr belebt, und auf den Anhöhen entstehen herrschaftliche Villen. Auf den Straßen drängt sich ein buntes Gemisch von Seeleuten, die von den Azoren, den Südseeinseln und Afrika kommen. Tätowierte oder halbnackte Indianer bevölkern die Stadt und fallen den reichgekleideten Städtern gar nicht mehr auf. In den großen Seilereien drehen ganze Mannschaften von Arbeitern das Tauwerk, das für die Harpunenseile bestimmt ist. Von den Kerzenfabriken dringt der schwere Geruch des Walrats auf die Straße, in den Lagerhäusern riecht es nach Sandelholz und Tee, und der Moschusgeruch der Ambra, die von den Parfümerien in London und Paris angekauft wird, hängt überall in der Luft. Zu jeder Tages- und Nachtzeit füllen die Matrosen der Walfänger, die von der Jagd zurückgekehrt sind oder bald in See stechen, die Kneipen der Stadt.

Auf halber Höhe des Hügels steht – dem Meer zugewandt – eine Kapelle, auf der unzählige Gedenktafeln angebracht sind. Darauf wird an die Matrosen erinnert, die beim Walfang umgekommen sind: „Von der Leine über Bord gezogen und ertrunken“, „Vom hohen Mast heruntergefallen bei Kap Hoorn“, „Von einem Pottwal getötet“ oder „Von einem Wal fortgerissen“.

Innerhalb weniger Jahre ist New Bedford zur amerikanischen Hauptstadt des Pottwalfangs geworden.

Samuel Leonhard, ein Großeigentümer aus New Bedford, sitzt auf einem Faß und ist dabei, die Vorgänge in seiner Raffinerie und Kerzenfabrik zu leiten. Rechts im Hintergrund werden Kisten mit Kerzen aus Walrat durch ein Fenster des Hauptgebäudes auf ein Gefährt geladen.

Die „Pequod", das Walfangschiff aus „Moby Dick", ist ein Dreimaster aus Nantucket.

Ein Walfänger ist ein schweres, widerstandsfähiges und geräumiges Schiff.

Der Laderaum des Walfangschiffes ist so konzipiert, daß möglichst viele Ölfässer darin untergebracht werden können. Das Schiff ist zwar langsam, aber robust gebaut. In der Regel ist es ein Dreimaster mit Rahen und trapezförmigen Segeln oder noch öfter eine Dreimastbark mit leichter Takelage, wodurch das Schiff leicht von sechs Mann manövriert werden kann, während der Rest der Mannschaft die Wale an Bord der Beiboote verfolgt.

Die amerikanischen Walfänger, die im Gegensatz zu den englischen selten in der Antarktis jagen, brauchen keinen verstärkten Rumpf. Wenn jedoch eine Expedition in polare Gewässer unternommen wird, verstärkt man vor der Ausfahrt den Vordersteven mit einer zweiten Beplankung. Gleichermaßen verdoppelt man den Rumpf unter der Wasserlinie durch mit Kupfer verkleidetes Zedernholz, um Fäulnis zu verhindern und Schäden durch Treibeis zu vermeiden.

Nach jeder Jagdexpedition muß das Deck wieder instandgesetzt werden, da es beim Zerlegen und Verarbeiten des Wals meist beschädigt wird. Der Walfänger hat oft einen schwarzen Teer-

Längsschnitt eines Walfängers.

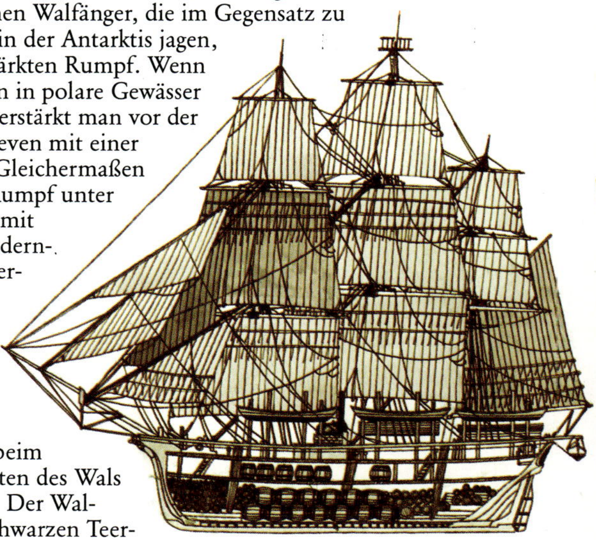

Große Walfangschiffe wie die „Pequod“ haben drei Masten zu je drei Segeln. Ausgehend vom Bug: auf dem Fockmast Focksegel, Vormarssegel und Bramsegel; auf dem Großmast Großsegel, Großmarssegel und Groß-Bramsegel; auf dem Kreuzmast Kreuz-Bramsegel, Kreuz-Marssegel und Besansegel (aufgehängt zwischen Gaffel und Besanbaum). Die Mannschaftsschlafräume befinden sich im Bug, die der Offiziere im Heck. Die Laderäume sind voll mit Fässern.

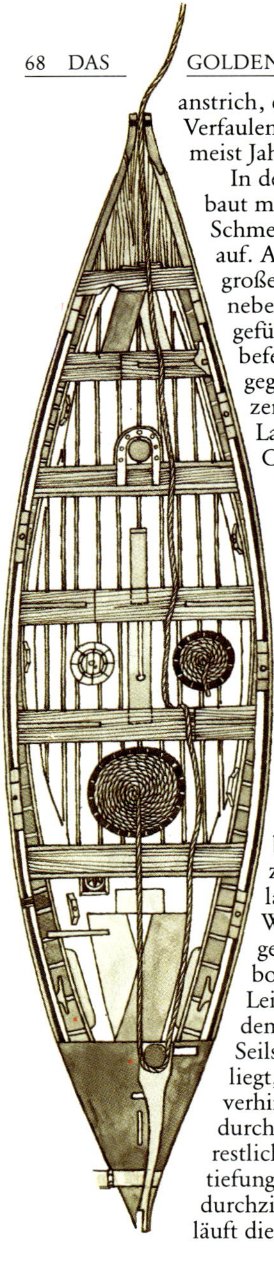

anstrich, der das Holz zusätzlich vor dem Verfaulen – immerhin dauern die Fahrten meist Jahre – schützen soll.

In den Jagdgebieten eingetroffen, baut man auf dem Oberdeck den Schmelzkessel hinter dem Großmast auf. Auf einen Ziegelherd werden zwei große, eiserne Kochtöpfe gesetzt, daneben steht ein Gefäß, das mit Wasser gefüllt ist: Mit diesem Wasser befeuchtet man das Deck, um es gegen die Hitze des Feuers zu schützen. Sind am Ende der Jagd die Laderäume voll, zerstört man den Ofen wieder.

Die Walfangboote sind klein, leicht, schnell und wendig.

Die Walfangboote sind an den Seiten des *Walfangmutterschiffes* festgemacht. Sie sind als Doppelender konstruiert, d. h. das langgestreckte, an beiden Enden spitz zulaufende Boot kann ebensogut von vorne wie von hinten gesteuert werden. Es ist etwa 9 m lang und 2 m breit und ist mit vier Ruderern bemannt. Dazu kommt ein Offizier, der es mit Hilfe eines 6,50 m langen Steuerruders lenkt. Wenn der Wind stark genug ist, wird ein Segel gehißt. Im Vorderteil des Walfangboots liegt die Harpune, die an einer Leine festgemacht ist. Sofort nach dem Wurf werden einige Meter des Seils, das im Bug zusammengerollt liegt, ins Wasser geworfen. Damit soll verhindert werden, daß der Wal sich durch einen Sprung losreißen kann. Das restliche Seil wird durch eine kleine Vertiefung am Bug des Bootes geführt und durchzieht es der Länge nach. Am Heck läuft die Leine um einen Luggerkopf und

Ausrüstung an Bord eines jeden Walfangboots: zwei Lederbaljen (Henkelbottiche), Dochtlampe, Arzneikästchen, einige Messer, Beil, Schöpfkelle, Fäßchen mit Süßwasser, Kompaß, Leinenbaljen, Anker.

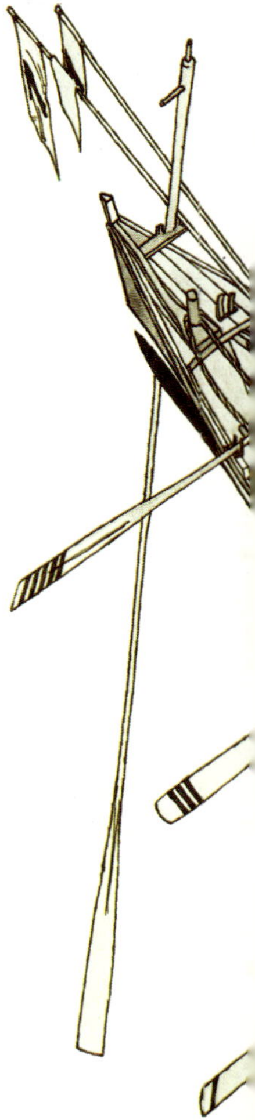

zurück zur Mitte des Bootes, wo es in zwei Holzeimern gewissenhaft aufgerollt ist, denn die geringste Verwicklung kann katastrophale Folgen haben. Auf den englischen Walfangbooten befindet sich der Luggerkopf vorne im Boot, direkt vor den Eimern. Wenn der Pottwal springt, kann sich der Luggerkopf durch die Reibung des Seils so sehr erhitzen, daß man ihn mit Wasser begießen muß, um ein Entzünden zu verhindern.

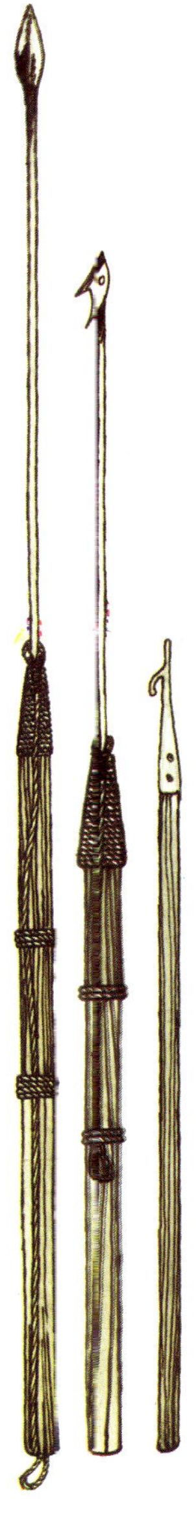

Der Kapitän des Walfängers ist alleiniger Gebieter an Bord.

Der Kapitän eines Walfängers beschreibt seine Stellung: „Auf dieser Seite der Erde (östlich von Kap Hoorn) schulde ich meinen Eigentümern und dem allmächtigen Gott Respekt; auf der andern Seite bin ich der allmächtige Herr.“

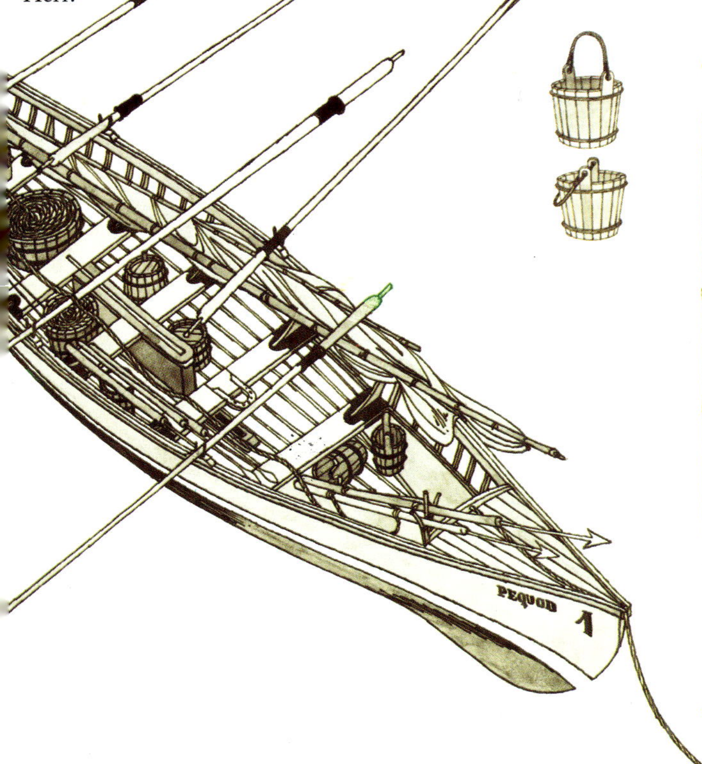

„Ja, ihr höchster Herr und Diktator war anwesend, wenn auch bis dahin noch unsichtbar für das Auge, dem es nicht gestattet war, zu der jetzt geheiligten Abgeschlossenheit der Kajüte vorzudringen.“
Herman Melville, „Moby Dick“

Der Kapitän des Walfangschiffs kann seine Reiseroute dank sehr präziser Informationen über die Wanderungen der Wale bestimmen. Manchmal begegnen sich mehrere Schiffe auf dem Meer. Dann finden richtige Walfängerkonferenzen statt. Man läßt Boote zu Wasser und trifft sich auf einem der Schiffe, tauscht Beobachtungen über die letzten gesichteten Walherden aus, diskutiert die Ölpreise oder informiert sich über neuentdeckte Riffe. Für die Kapitäne sind die Treffen ein angenehmer Brauch, der „Gam“ genannt wird (das Wort stammt möglicherweise von „gammon“, das heißt vom Hundertsten ins Tausendste kommen).

Doch er muß auch über zahlreiche Fähigkeiten verfügen. Er muß ein exzellenter Navigator sein, das Verhalten der Wale kennen und sie auffinden können. Außerdem ist er Experte in den verschiedenen Phasen der Jagd: der Suche, der Annäherung, der Verfolgung, dem Harpunieren, dem Kampf und dem Zerlegen. Manchmal übernimmt er selbst das Kommando in einem der Walfangboote, sonst bleibt er an Bord und leitet die Jagd von dort aus. Ist kein Arzt auf dem Schiff, so verbindet der Kapitän die Wunden und behandelt die Knochenbrüche.

Oft regiert er an Bord hart und despotisch. Das hängt nicht zuletzt von der Dauer des Jagdzugs und der Zusammensetzung der Mannschaft ab.

Ein Stab von Offizieren unterstützt die Arbeit des Kapitäns. Sie überwachen alle Arbeiten an Bord und tragen die Verantwortung für einen reibungslosen Ablauf. Außerdem haben sie die Aufgabe, den harpunierten Wal mit der Lanze zu töten und das Zerlegen und die Fettschmelze zu leiten.

Die übrigen Aufgaben sind auf die Mannschaft verteilt.

Da sind zunächst die Harpuniere: Von ihrer Geschicklichkeit hängt der Erfolg der Jagdexpedition wesentlich ab. Der Küfer stellt die Fässer her, in denen das kostbare Öl gelagert wird. Er kümmert sich auch um die Ordnung in den Lagerräumen. Zudem übernimmt er das Kommando an Bord, wenn der Kapitän und seine Offiziere auf den Booten sind oder wenn ein Notfall es verlangt.

Die übrige Mannschaft setzt sich aus dem Steward, der den Kapitän und die Offiziere bedient, dem Zimmermann, dem Koch und den einfachen Matrosen zusammen. Während des eigentlichen Walfangs rudern diese zu je vier Mann die Boote mit dem Offizier und dem Harpunier.

Ein Harpunier aus Nantucket um 1820.

Die Mannschaft eines Walfängers ist eine eigenartige Mischung von Männern aus aller Herren Länder.

In den ersten Jahren der amerikanischen Waljagd bestehen die Mannschaften der Walfänger aus weißen Neuengländern. Für sie ist die Jagd ein zusätzlicher Broterwerb. Nur hin und wieder machen die Erfolgreichen und die Erfahrenen unter ihnen daraus ihren Hauptberuf, der es ihnen erlaubt, die Familie an Land zu versorgen. In den seltenen Fällen, in denen es nicht gelingt, vollständige Mannschaften zusammenzustellen, werden auch Indianer und Schwarze eingesetzt.

Doch seit etwa 1820 ist der Bedarf an Leuten so groß, daß Männer mit der unterschiedlichsten Vergangenheit von überall her angeheuert werden. Viele Männer, die das harte Leben auf einem Walfänger nicht gewohnt sind, desertieren schon beim ersten Zwischenhalt. Um die fehlenden Leute zu ersetzen, werben die Kapitäne oft Basken und Portugiesen an. Viele der „Portos", wie man sie nennt, lassen sich in Neuengland nieder. So erhält ein Stadtviertel in New Bedford den Namen eines Orts auf den Azoren: Fayal.

Auch Männer aus Polynesien, Melanesien oder Hawaii sind gesuchte Leute. 1844 fahren mehr als 500 Pazifikinsulaner an Bord von amerikanischen Walfängern. Sie gelten als ausgezeichnete Harpuniere. Normalerweise bemüht sich der Kapitän eines Walfängers, diese Leute nach einigen Jahren auf die Inseln zurückzubringen. Doch im allgemeinen sind die Männer sehr zufrieden mit ihrem Leben auf dem Walfänger und bleiben freiwillig auch länger. Da man sich nur selten die Mühe macht, ihre fremdartigen Namen zu lernen, werden sie oft einfach Joe, Sam, Jim oder Jack genannt.

Neben Portugiesen, Basken und Insulanern fahren auch Männer aus Spanien, Schweden, Frankreich, Deutschland, Irland und Italien auf den amerikanischen Walfängern. Viele sind ehemalige Bauern, die nicht von der Landwirtschaft leben konnten und daher ein anderes Einkommen suchen, andere haben eine dunkle Vergangenheit und sind auf der Flucht vor der Justiz. Es sind junge Männer und alte, Matrosen und Landratten, die noch nie auf See gefahren sind, Taugenichtse und Muttersöhnchen. Und nur selten kehrt ein Walfänger nach mehrjähriger Fahrt mit derselben Mannschaft zum Heimathafen zurück, mit der er dort abgelegt hat.

„So ging es auch dem armen Queequeg, der als Harpunier nicht nur dem lebenden Wal in seiner Wut entgegentreten, sondern auch, wie wir früher gesehen haben, bei schwerem Seegang auf dem toten Fisch herumturnen und schließlich in den finsteren Laderaum hinabsteigen mußte, um im Schweiße seines Angesichts in diesem unterirdischen Gelaß mit den schweren Fässern herumzuhantieren und sie richtig zu verstauen."

Herman Melville, „Moby Dick"

An Bord eines Walfängers blühen Korruption und dunkle Geschäfte.

Besonders zu der Zeit, als Matrosen auf den Walfängern gesucht sind, beschäftigen die Besitzer der Schiffe eigens Leute, die die Mannschaft anheuern sollen. Doch diese Männer sind vor allem daran interessiert, sich schnell die Taschen zu füllen. Ob die Mannschaft, die sie anheuern, aus erfahrenen und verläßlichen Seeleuten besteht, kümmert sie oft wenig.

An Bord mißbrauchen die Kapitäne manchmal ihre Macht. Es kommt vor, daß sie auf See von ihren Matrosen unerschwingliche Preise für verschiedene Waren, die täglich gebraucht werden, verlangen. Das führt dazu, daß die Männer – vor allem nach einer schlechten Saison oder einem Sturz der Ölpreise – nach vier Jahren auf See hoch

verschuldet sind. Dadurch sehen sie sich gezwungen, gleich wieder anzuheuern, in der Hoffnung, doch noch genug zu verdienen, wenn nicht sogar ihr Glück zu machen.

Doch es gäbe ein falsches Bild vom amerikanischen Walfang, beschriebe man ihn nur unter diesem Aspekt. Unter den Besatzungen der Walfänger gibt es auch viele Seeleute, die durch ihren Mut und ihre gute Arbeit berühmt werden. Um ihre Familien ernähren zu können, verlassen diese Männer das Leben an Land für lange Jahre und setzen sich größten Gefahren aus.

„Für einen Binnenländer wäre in diesem Augenblick kein Wal (...) zu sehen gewesen (...). Plötzlich begann ringsherum die Luft zu zittern und zu flimmern wie über stark erhitzten Eisenplatten – unter diesem Wogen und Wallen der Luft (...) schwammen die Wale dahin. Vor allem schienen die Wasserdampfwolken, die sie aufbliesen, ihre Vorreiter und vorausgesandten fliegenden Kuriere.“

Herman Melville, „Moby Dick“

MASSACHUSETTS

Das Panorama von New Bedford

1841 schifft sich Benjamin Russel, ein amerikanischer Künstler, in New Bedford auf dem Walfänger „Kutusoff“ ein. Auf der dreijährigen Fahrt skizziert er eine Walexpedition mit allen Details. Nach seiner Rückkehr engagiert er Caleb Purrington, einen Gebäudemaler, um das Epos auf die Leinwand zu bringen. Das Panorama von New Bedford ist nahezu 500 m lang. Die Geschichte der Expedition beginnt mit der dem Meer zugewandten Seite der Stadt. Hat Russel sich bei der Gesamtschau auch einige Freiheiten erlaubt, sind die Details doch relativ exakt.

Vulkanausbruch im Meer

Nachdem das Panorama fertiggestellt ist, wird es den Bewohnern von Neuengland wie ein Film vorgeführt. Überall spricht man von den dargestellten Etappen der Waljagd. Szene um Szene wird das Panorama auf einer Bühne abgerollt. Ein Sprecher kommentiert die Handlung mit lauter Stimme. Auf diesem Abschnitt bricht der Vulkan Pico de Cano (mit 2800 m doppelt so hoch wie der Vesuv) auf den Kapverdischen Inseln gerade in dem Moment aus, als die Walfangflotte dort ist. Das glühende Magma taucht eine Gruppe von Schiffen mit viereckigen Segeln und kleine Boote mit dreieckigen Segeln in orangefarbenes Licht. Diese Passage kommt bei den Zuschauern besonders gut an.

Die paradiesischen Inseln

Im Pazifik finden die amerikanischen Walfänger eine Welt vor, die völlig verschieden ist von der, die sie aus dem Atlantik kennen. Jenseits von Kap Hoorn lockt der Pazifik mit seinen warmen Winden und seinem phosphoreszierenden Wasser. Nach dem entbehrungsreichen Leben an Bord erscheinen die tropischen Inseln den Seeleuten wie das Paradies. Nichtsdestoweniger gibt es in den Monaten August und September in den ruhigen Gewässern des Pazifiks starke Zyklone, die noch gefährlicher sind als alle Orkane im Atlantik. Die Stürme können bis zu 300 km/h erreichen. Zu Beginn des amerikanischen Walfangs ist der Pazifik noch ein Mare incognitum. So zerschellen zahlreiche Walfänger an Riffen, die auf keiner Karte eingezeichnet sind.

P

Der Höhepunkt der Jagd

Diese Szene, eine der berühmtesten des Panoramas, befaßt sich mit der eigentlichen Jagd. Die amerikanische Flotte trifft im Nordpazifik auf Wale. Alles, was sich auf einer Waljagd ereignen kann, wird auf dem Bild dargestellt: Hier zerschlägt ein Wal ein Walfangboot. In dem Maß, wie man das Panorama entrollt, kann der Zuschauer der Zerstückelung des Wals beiwohnen, sehen, wie eine Mannschaft den Kopf eines erlegten Tieres an Bord zieht, um die Barten herauszulösen, aber auch, wie ein Wal ein Walfangboot ins Maul nimmt und zerbeißt. Die Geschichte der Jagd endet mit der Rückkehr des Schiffs nach New Bedford. Die Laderäume sind mit Öl und Barten gefüllt. Das ruhige und friedliche Bild des Heimathafens ist die letzte Szene des Panoramas.

FÜNFTES KAPITEL

DIE REISE EINES WALFÄNGERS

Um 1850 ist ein Walfänger durchschnittlich 42 Monate auf See. „Der Ozean ist seine Heimat", schreibt Herman Melville. Langeweile, Angst, Einsamkeit und Überspanntheit, die Freuden der exotischen Inseln und die oftmals gefährliche Begegnung mit Menschen anderer Kulturen sind Teil des Lebens auf einem Walfänger.

„Mit allen Segeln hält es weg von der Küste. So kämpft es an gegen die Winde, die es heimwärts treiben möchten, strebt wieder hinaus auf die Uferlosigkeit der aufgepeitschten See."
Herman Melville, „Moby Dick"

1820 kreuzen bereits mehr als 120 Walfänger auf dem Pazifik. 30 Jahre später jagt der größere Teil der amerikanischen Walfangflotte (736 Schiffe) im Stillen Ozean. Weiterhin ist der Pottwal, der zu dieser Zeit im Pazifik noch häufig vorkommt, die begehrteste Beute: Wahrscheinlich sind es mehr als 1 000 000 Tiere. Das Öl einer einzigen Reise kann für die Reeder, die oft immense Summen anlegen, einen Gewinn von 200 bis 300 % einbringen.

Die Pazifikroute: eine Goldgrube für die Walfänger.

Die Route der Walfänger hängt von der Jahreszeit, der Wanderung der Wale oder der Laune des Kapitäns ab. Im allgemeinen jedoch passieren sie Kap Hoorn und erreichen den Pazifik im Oktober oder November, um dann in die Gegend der Galapagos-Inseln zu segeln. Danach steuern sie Honolulu auf Hawaii an, wo sie sich mit frischen Lebensmitteln versorgen, bevor sie wieder Richtung Japan in See stechen.

Meistens durchstreifen sie den Pazifik in alle Richtungen und machen nur Jagd auf das, was Geld bringt, bis Fässer und Laderäume voll sind. Bei den Inseln legen sie an, kaufen dort frische Lebensmittel ein und können so mehrere Monate, sogar ganze Jahre, auf See verbringen. Schließlich kehren sie über Australien, entlang der afrikanischen Küste und über den Atlantik zu ihrem Heimathafen zurück.

Während der Fahrten stoßen die Kapitäne der Walfänger hin und wieder auf noch unbekannte Inseln, die sie auch selbst taufen: New Nantucket, Gardener, Swain, Chase, Coffin, Independance. Die europäischen Kartographen des 19. Jahrhunderts sehen den zentralen Teil des Pazifiks sogar als amerikanischen Besitz an und bezeichnen ihn daher als „Amerikanisch Polynesien“.

Das Fehlen von frischen Nahrungsmitteln auf See, besonders von Obst und Gemüse, führt häufig zu Skorbut. Die Krankheit, die auf den Mangel an Vitamin C zurückzuführen ist, läßt sich an verschiedenen Symptomen erkennen: starker Mundgeruch, schwammiges, entzündetes Zahnfleisch, Entzündungen der Gelenke. Der Kranke stirbt schließlich an inneren Blutungen. Um sich gegen den Skorbut zu schützen, versorgen sich die Männer, sooft sie an Land gehen, mit frischem Obst. Doch viele Kapitäne verbieten den Landgang und legen so selten wie möglich auf den Inseln an. Das liegt zum Teil daran, daß die Stops die Fahrt zu sehr verzögern. Doch zum Teil ist auch das Leben auf den Pazifikinseln allzu verlockend, und viele Seeleute desertieren.

Auch außerhalb der Jagdsaison ist das Leben an Bord immer unbequem.

Während die Offiziere in komfortablen Kabinen im hinteren Teil des Schiffes untergebracht sind, lebt der Rest der Mannschaft im Vorderteil in einem feuchten, düsteren Raum mit schlechter Luft. Die vitaminarme Nahrung ist wenig abwechslungsreich. Sie besteht aus getrocknetem Fleisch, Reis, Zwieback und Bohnen. „Feine Speisen" wie in Mehl gewendetes, fritiertes Walhirn sind seltene Unterbrechungen dieser Monotonie.

Die Mahlzeiten für die ganze Mannschaft kommen in Blechtöpfen aus der Kombüse. Auf unbequemen Truhen sitzend essen die Seeleute aus Zinnäpfen ihr einfaches, oft schlecht zubereitetes Gericht. Nur selten beschafft man in den Häfen Frischobst und Gemüse, das ohnehin nur wenige Tage aufbewahrt werden kann. Als Brot dient Schiffszwieback, in dem sich oft Rüsselkäfer und Mehlwürmer einnisten. Das getrocknete Fleisch wird mit viel Salz in großen Tonnen eingelegt, und man weicht es vor Gebrauch auf Deck in Süßwasser ein. Dabei breitet sich ein

Mit den Walfängern gelangen Grippe, Tuberkulose und Cholera auf die Inseln. Da die Eingeborenen gegen die Krankheiten der Europäer nicht resistent sind, sterben viele von ihnen daran. Die Bevölkerung von Tahiti verringert sich von 40 000 Menschen im Jahr 1770 auf 9 000 im Jahr 1830. Nahezu 30 000 Fidschi-Insulaner sterben 1875 während einer Masernepidemie.

unangenehmer, halb fauliger Geruch über das ganze Schiff aus.

Das Ungeziefer an Bord des Walfängers ist eine ständige Plage. Auf Walfängern gedeihen Insekten und Nager durch das Walöl und -blut besser als auf jedem anderen Schiff. Durch eine Bordkatze kann man zwar die Zahl der Ratten begrenzen, aber die Insekten sind das eigentliche Problem. Das eisige Klima am Kap Hoorn scheint sie zwar zu töten, doch in Wirklichkeit schläfert es sie nur ein. In den warmen pazifischen Gewässern sind sie dann wieder

Die seit 1789 bekannten Fanggebiete im Pazifik werden im 19. Jahrhundert fast ausschließlich von Amerikanern ausgebeutet. In den 20er Jahren des 19. Jahrhunderts jagen dort mehr als 120 amerikanische Walfänger. 1841 sind es mehr als 500 Schiffe.

da – und viel zahlreicher als zuvor. Viele Seefahrer behaupten, daß die „Zähne“ der Wanzen schärfer seien als eine Rasierklinge.

Am unangenehmsten ist jedoch die ständige Feuchtigkeit an Bord. Gerade im vorderen Teil des Schiffes sind Wäsche, Betten und Kleider immer klamm, denn durch die Fugen im Deck dringt während der Unwetter das Wasser. Doch trotz der eingeweichten Strohsäcke und der Wanzen, die sich überall aufhalten, schlafen die Seeleute meist gut, da sie von der harten Arbeit oft völlig entkräftet sind.

Die Jagd eines amerikanischen Walfängers dauert zwischen zwei und vier Jahren. Die „Uncas“ aus Falmouth kommt mit 3 468 Ölfässern im Wert von 88 000 Dollar aus dem Pazifik zurück. Die „Sarah“ aus Nantucket hat 3 487 Fässer geladen: 89 000 Dollar.

Wenn die Walfänger an einer der pazifischen Inseln anlegen, um sich wieder zu erholen, erscheinen ihnen diese wie ein Paradies. Nach der Monotonie und dem Ungeziefer an Bord sind die Seeleute von den grünen Wäldern und den gelben, sonnigen Stränden, wo das Leben so friedvoll verläuft, überwältigt. So erstaunt es nicht, daß bei diesen Zwischenstops viele Seeleute desertieren.

Solange nicht gejagt wird, verstreichen die Stunden an Bord des Walfängers nur schleppend.

Die ersten Wochen auf dem Meer sind die eintönigsten: Keine Wale sind in Sicht, und die Jagd ist noch weit. Die einzige Abwechslung besteht darin, daß die Neuen in die Handhabung der Harpunen und der kleinen Boote eingeführt werden. Man trainiert viel, denn es ist lebenswichtig, daß jeder an Bord seine Aufgabe beherrscht.

Das Warten kann wochenlang dauern, ja manchmal Monate. Die Harpuniere überprüfen immer wieder ihre Geräte. Sie verbringen oft einen ganzen Vormittag damit, ihre Lanzen und Harpunen zu schleifen und das Tauwerk in den Zubern aufzurollen. Sind einmal die routinemäßigen Arbeiten der Schiffswartung erledigt, bleibt wenig zu tun. Manche Seeleute können lesen und schmökern in den wenigen Büchern der Schiffsbibliothek. Andere verbringen Stunden damit, ihre stark beanspruchten Kleider zu waschen und auszubessern. Die Matrosen selbst sagen, ihre Kleider bestünden nur „aus Flicken, die auf einem Flicken sitzen, der wieder mit Flicken bedeckt ist". Manchmal wird auch gefischt. Dabei benutzt man weiße Stoffstückchen, die man über dem Wasser hin und her schwenkt, als Köder, um Fliegende Fische zu imitieren. Bei Ein-

Scrimshaws sind Pottwalzähne, in die Matrosen Bilder einritzen. Die elfenbeinernen Zähne der Pottwale werden im allgemeinen von den Offizieren des Schiffs an die Besatzung verteilt. Die Männer können ihre magere Heuer aufbessern, indem sie die „Scrimshaws" in den Anlegehäfen verkaufen. So gravieren sie detaillierte Jagdszenen (unten) und Phantasiebilder auf die Zähne oder stellen verschiedene Gebrauchsgegenstände und Spiele wie dieses Steckspiel (oben rechts) daraus her. Sehr gefragt sind auch Tabak- oder Werkzeugdosen, die nicht nur geschnitzt, sondern oft auch mit Elfenbein oder Metalleinlegearbeiten verziert sind.

bruch der Nacht rauchen die Männer Pfeife. Mit Hilfe der Droge Tabak versuchen die Waljäger, die Langeweile der endlosen Suche zu vertreiben. Durchschnittlich raucht oder schnupft ein Seemann jährlich vier bis fünf Kilo Tabak. Die teuren Zigarren können sich nur die Offiziere oder der Kapitän leisten.

Der berühmteste Zeitvertreib der Waljäger ist das Schnitzen von Gegenständen aus Walbarten oder Pottwalzähnen. Manche Matrosen erweisen sich darin als wahre Künstler. Sie schnitzen alles, von einfachen Kleidernadeln bis zu schön verzierten Luxusartikeln: Ringe, Wellhölzer, Buttermesser, Türstopper, selbst bis ins Detail genau angefertigte Schiffsmodelle. Die Künstler verwenden dazu nur ein einfaches Taschenmesser. Die Zeichnungen, mit denen die Stücke geschmückt werden, ritzt man im allgemeinen mit einer Segelnadel ein. Dann reibt man die Oberfläche mit einer Mischung aus Öl und schwarzem Ruß ein und macht das Motiv auf diese Weise sichtbar.

Die Seeleute pausen oft auch Balletttänzerinnen mit Hilfe einer Segelnadel oder eines Nagels aus alten Zeitungen ab. Die Oberfläche wird dann mit Pottasche poliert.

Der wirkliche Moby Dick heißt Mocha Dick.

Berühmt sind auch die Walfanggeschichten, die sich die Seeleute manchmal stundenlang erzählen und phantasievoll ausschmücken. Besonders beliebt sind Erzählungen von bestimmten Walen, wie zum Beispiel von Neuseeland Tom, einem schwarzen Pottwal, der ein halbes Dutzend verrosteter Harpunen von verschiedenen Waljägern in den Flanken trägt. Oder auch von Timor Jack, der die Timorsee heimsucht und dem nur mit List beizukommen war. Doch die berühmteste Geschichte ist die von Mocha Dick, der von Herman Melville als Moby Dick unsterblich gemacht wird. Dieser Wal hat wirklich gelebt und war ein männlicher Pottwal.

Er hat eine eher graue als braune Haut und eine weiße Narbe, die auf seinem enormen Kopf leuchtet. Mocha Dick verdankt seinen Namen seiner ersten Begegnung (um 1810) mit Walfängern nahe bei der Insel Mocha vor der chilenischen Küste.

Ship William Baker of Warren

Wednesday Nov 21st 1838.
Commences with light winds from the N. W. heading to the Southward saw right whales and chased starboard boat struck waist boat killed and about sunset took him alongside and took in sail, and shortly after the wind shifted to the S. W. middle and latter part fresh breezes at daylight commenced cutting and after we got through stood to the N. W.
So ends these 24 hours. Lat. By obs. 36. 11.
Long. By chr 23. 30.

Thursday Nov 22d 1838.
Begins with fine breezes from the Westward at about 5 P. M. saw a large sperm whale lowered and chased but did not strike, whale bound to the West middle part light breezes latter part nearly calm saw a right whale. All hands employed in boiling.
So ends these 24 hours. Lat. By obs. 35. 55.
Long. By chr 23. 40.

Friday Nov 23d 1838.
Commences with moderate winds from the Northward standing to the Westward spoke the Ship Hannibal of Sag-Harbor with 90 bbls. sperm oil and about the same time we caught a porpoise, middle part fresh breeze latter part moderate employed in stowing down.
So ends these 24 hours. Lat. By obs. 36. 16.
Long. By chr 24. 19
By Lunar.

Saturday Nov 24th 1838.
Begins with light winds heading to the N. E. saw a right whale and chased and spoke the Ship Condor of New Bedford with 1650 bbls of oil, middle and latter part light breezes saw right whales starboard boat struck larboard boat killed and sunk
So ends these 24 hours. Lat. By D. R. 36. 08.

In the South Atlantic Ocean. 1838.

Sunday Nov 25th 1838.

Commences with light winds from the Northward saw plenty of whales lowered and chased starboard boat struck and he stove the boat and were obliged to cut the line and let him go. middle and latter part light breezes saw whales and chased waist boat struck and drawed.

So ends these 24 hours. Lat. 36..08. Long. 25..59.

Monday Nov 26th 1838.

Begins with very light breezes and chased a right whale, middle part nearly calm latter part fine breezes from the Northward saw whales and chased without success. and caught two porpoises.

So ends these 24 hours. Lat. By obs. 36..32. Long. By C. 24..25.

Tuesday Nov 27th 1838.

Commences with fresh breezes from the Northward saw plenty of whales and chased middle part fresh breezes latter part strong breezes saw right whales and chased.

So ends these 24 hours. Lat. By D.R. 36..30.

Wednesday Nov 28th 1838.

Begins with light breezes from the Westward and fine weather saw right whales and chased but did not strike, middle part much the same latter part fresh breezes saw a right whale and chased.

So ends these 24 hours. Lat. By obs. 36..43 Long. By C. 24..07.

Thursday Nov 29th 1838.

Commences with light breezes from the Westward, middle part light breezes latter part fresh gales from the Northward and rainy. So ends these 24 hours. No obs.

30 Jahre später, im Juli 1840, sichtet die Mannschaft eines englischen Walfängers einen einzelnen Pottwal von ungewöhnlicher Größe. Er ist über 22 m lang. Es ist Mocha Dick. Die Männer lassen zwei Boote zu Wasser und machen Jagd auf den Pottwal. Der greift sie jedoch seinerseits an und zermalmt eine Schaluppe zwischen seinen Kiefern. Sobald der Wal taucht, beeilt man sich, die Überlebenden im zweiten Boot aufzusammeln. Doch da schießt Mocha Dick aus den Fluten und wirft sich auf das Boot.

Zwei Monate später töten zwei Walfangboote einen Einzelgänger. Als sie ihn zum Mutterschiff schleppen, taucht Mocha Dick auf und bringt eines der Boote zum Kentern. Das andere kann sich gerade noch hinter dem Körper des toten Wals verbergen. Auf dem Walfangschiff beeilt man sich, die Matrosen aufzufischen, und während es seine Fahrt fortsetzt, umkreist Mocha Dick den toten Wal, als ob er ihn beschützen wolle.

Schließlich, im Jahr 1859, wird Mocha Dick von einem schwedischen Walfänger erlegt. In seinem von Narben übersäten Körper stecken noch 19 Harpunen. Nachdem er zu Lebzeiten alle Walfänger auf den Meeren in Angst und Schrecken versetzt hat, wird Mocha Dick der Held einer der schönsten Seefahrergeschichten: „Moby Dick“.

Normalerweise schwimmt der Pottwal mit einer Geschwindigkeit von 3 Knoten, also etwa 5 km/h. Doch er kann durchaus eine Geschwindigkeit von 10 bis 12 Knoten erreichen. Damit läßt er auch das schnellste Walfangboot hinter sich. Seine Kräfte scheinen unerschöpflich zu sein: Er kann bis zu 125 km am Tag zurücklegen und unternimmt immense Wanderungen. Einige Walfänger nennen den atlantischen Pottwal „Vierzig/Vierzig“, da sein Territorium sich von 40° nördlicher bis 40° südlicher Breite ausdehnt.

Bis etwa 1840 benutzt man auf den amerikanischen Booten Harpunen mit Doppelhaken. 1848 ersetzt man sie durch eine Harpune mit beweglichem Kopf: Sie dringt leicht durch die Haut und bleibt fest stecken, da der Kopf sich dreht.

„Er bläst, er bläst..."

Hat man das Jagdgebiet erreicht, ändert sich der Lebensrhythmus an Bord vollständig. Über Nacht werden die Segel gerefft und erst im Morgengrauen wieder gesetzt. Während des Tages wechseln sich die Matrosen alle zwei Stunden im Ausguck ab, der sich fast auf der Mastspitze befindet. Plötzlich ein Schrei: „Er bläst, er bläst..." Der Ausguck hat einen Wal entdeckt. Anhand des Blasstrahls erkennt man sehr schnell, um welche Art von Wal es sich handelt. Bei Pottwalen erreicht die Fontäne 3 bis 4 m Höhe und dauert ca. drei Sekunden. Man kann sie aus einer Entfernung von bis zu sechs Meilen sehen. Da man sich über eine solche Distanz leicht täuschen kann, warten viele Matrosen im Ausguck ab, bis sie sicher sind, ehe sie das Signal geben, um auf der Brücke keine unnötige Hektik auszulösen. Sobald das Tier den Kopf aus dem Wasser hebt, ruft der Wachposten: „Dort springt er!", und „Dort taucht er!", wenn er den Wal wieder tauchen sieht.

Dann läßt man Fangboote zu Wasser. Der Kapitän befiehlt, die Beiboote klarzumachen und ein kleines Segel zu setzen. Weht kein oder ein widriger Wind, wird eben gerudert. Der verantwortliche Offizier im Heck des Wal-

fangboots steuert es mit Hilfe eines langen Ruders. Im Bug des Schiffes legt sich der Harpunier mit den anderen Matrosen in die Riemen, bis man sich nahe genug bei dem Wal befindet. Dann begibt er sich in den Bug des Bootes, stützt sein linkes Knie in eine Kerbe, die in der Bootswand angebracht ist, damit er nicht von seinem eigenen Schwung aus dem Boot geworfen wird. Mit beiden Händen hält er die Harpune über seinem Kopf und schleudert sie mit aller Kraft in den Rücken des Wals.

„Pullt zurück!" befiehlt der Offizier, sobald die Harpune sich fest im Fleisch des Meeressäugers verhakt hat. Mit schweren Ruderschlägen entfernt sich dann das Boot so schnell wie möglich von dem Wal, denn das verwundete Tier kann sehr heftig reagieren, und oft kentern die Boote gerade zu diesem Zeitpunkt der Jagd, weil sie von

Wenn das Walfangboot in voller Geschwindigkeit vom harpunierten Wal gezogen wird, nennt man das „Nantucket-Sleighride". Das in zwei großen Bottichen aufgerollte Harpunenseil in der Mitte des Bootes läuft nicht direkt zum Vordersteven: Es wird zunächst im Heck um einen am Ende gebogenen Pfosten geführt. Erst dann läuft die Leine vorne über eine Rolle.

dem verwundeten Tier getroffen werden. Nun schwimmt der harpunierte Wal an der Oberfläche, oder er taucht ab. Im ersten Fall lassen sich die Männer im Boot von ihrer Beute schleppen und versuchen, die Fahrt so gut es geht abzubremsen. Um das zu erreichen, holen sie das Harpunenseil ein und lassen sogenannte Drogen zu Wasser. Drogen sind eine Art vierkantiger Bretter, die senkrecht am Ende des Bootes angebracht werden und im Wasser einen solchen Widerstand ausüben, daß der Wal fast doppelt soviel Kraft aufbringen muß, um das Boot zu ziehen.

Taucht der Wal, lassen die Männer die Leine dagegen laufen. Ist sie nicht lang genug, wird sie verdoppelt. Reicht das immer noch nicht, bindet man die Drogen ans Ende der Leine und läßt sie fahren.

Ein Wal, der unter ein Walfangboot taucht, ist immer eine Gefahr: Niemand weiß, wo er wieder an die Oberfläche kommt.

Die letzten Augenblicke im Leben eines Pottwals

Auf dem Gemälde von Garneray ist die letzte Phase einer Waljagd, die einige Stunden, aber auch mehrere Tage dauern kann, dargestellt. Erschöpft von der langen Flucht mit dem Walfangboot im Schlepp kommt der Pottwal gerade an die Oberfläche. Der Offizier zielt genau auf die Stelle, an der die Harpune in das Tier eindringen muß. Es ist nur eine kleine Zone von etwa 1 m² auf dem Rücken des Tiers, wo die großen Arterien in der Nähe des Herzens und der Lungenflügel zusammenkommen. Die Walfänger nennen sie das „Leben" des Wals. Es ist lebenswichtig, genau zu zielen: Im Fall eines Fehlstoßes greift der Wal manchmal an. Ist das Ziel getroffen, zeigt die gerötete Fontäne, daß der Todeskampf beginnt. Einige Minuten später dreht sich der Pottwal tot zur Seite.

Der Todeskampf

Die Wale, die dreimal so lang (6 bis 18 m) wie die zerbrechlichen Walfangboote sein können und 35 bis 65 t wiegen, töten im 18. und 19. Jahrhundert jedes Jahr viele Seeleute und Harpuniere – und es gibt zahllose Verletzte und Verstümmelte. Besonders gefährlich sind die Schwanzschläge des tödlich getroffenen Tiers und der Moment, in dem der Wal nach dem Tauchen wieder an die Oberfläche kommt. Durch die Beobachtung der Vögel, die den Wal begleiten, ist es möglich in etwa abzuschätzen, wo er wieder auftauchen wird. Doch niemand kann einem Tier entkommen, wenn es unter einem Walfangboot auftaucht und es in seinem Todeskampf zerbricht.

Drama der Jagd

Dieses Bild von Garneray wird von Herman Melville in „Moby Dick“ zitiert. Das Kapitel hat den Titel „Weniger fehlerhafte Walbilder und naturgetreue Darstellungen von Walfangszenen“: „Auf dem ersten Bild ist ein gewaltiger Pottwal in seiner ganzen majestätischen Größe dargestellt, der soeben aus den Tiefen des Ozeans unter dem Boot aufgetaucht ist und die entsetzlichen Trümmer der zerschmetterten Planken auf seinem Rücken hoch in der Luft trägt. Der Bug des Bootes ist ziemlich unversehrt und hält sich auf dem Rückgrat des Ungeheuers gerade in der Schwebe. In diesem Bug sieht man für den Bruchteil einer Sekunde einen Ruderer stehen, halb verdeckt vom dampfenden Blasstrahl des Wales und gerade im Begriff, sich in den Abgrund zu stürzen. Der ganze Vorgang ist wunderbar treffend und echt dargestellt. Auf dem weißschäumenden Wasser treibt die halbleere Lederbalje, und dazwischen tanzen die hölzernen Schäfte der zersplitterten Harpunen. Rings um den Wal sind die Köpfe der Besatzung mit den verschiedenen Ausdrücken des Schreckens sichtbar, während in der Ferne in einer dunklen Bö das Schiff auf die Szene zuhält.“

Es kann auch vorkommen, daß sich die Fangleinen verheddern. Wenn man dann nicht schnellstens reagiert, ist die Katastrophe unvermeidbar: Der Wal bringt das Boot unweigerlich zum Kentern. Man kann nur die Leine mit einem Beil kappen.

Allmählich ermüdet der harpunierte Wal, und die Männer kommen näher, indem sie die Leine einholen. Nun wechselt der Offizier seinen Platz mit dem Harpunier. Er ergreift die Lanze und stößt sie kräftig in das Tier. Er versucht den Teil des Körpers, der das „Leben" genannt wird, zu treffen. Ist er sicher, den entscheidenden Stich geführt zu haben, rudert man das Boot einige Meter vom Wal fort und wartet, bis er nicht mehr zuckt.

Im allgemeinen braucht man einige Dutzend Stöße, bis der Wal stirbt. Letztlich wird der Tod durch eine Lungenblutung verursacht, die daran zu erkennen ist, daß sich der Blasstrahl des Wals rot färbt. Der gerötete Blasstrahl wird als „Rote Rose" oder auch „Blume" bezeichnet. Zuletzt wälzt sich der Wal auf die Seite. Dann wissen die Jäger, daß er tot ist. Auf den Kadaver des Wals wird die Flagge des Walfängers gesetzt, und die Jagd geht weiter.

Dank der Flaggen findet man nach beendeter Jagd die toten Wale wieder. Dann werden die Körper der erlegten Tiere der Länge nach mit Seilen und einer Kette um den Schwanz am Rumpf des Schiffes festgemacht, den Kopf Richtung Schiffsheck. Die „Flensstelling", eine Schneideplattform mit Brüstung, wird an der Seite des Schiffes über dem Wal festgemacht. Von dort aus zerlegen die Flenser mit ihren Flensmessern, langen Schneidegeräten, und mit scharfen, langstieligen Schaufeln das Tier.

Das Zerlegen beginnt man am Kopf. Ein Matrose hat in der dicken Speckhaut einen Haken befestigt, der mit einer starken Winde verbunden ist. Ein Dutzend Männer hievt damit mühselig enorme Speckstreifen hoch, die die Flenser fachgerecht zerschneiden. Die Speckstreifen sind etwa 5 m lang, 2 m breit und wiegen um 1 t.

Das Zerlegen ist ein komplizierter Vorgang, an dem sich die ganze Mannschaft beteiligt.

Der an Steuerbord festgemachte Wal wird zuerst gehäutet, dann in Stücke zerlegt. Ein Schiffsjunge zerschneidet den an Deck angehäuften Speck in Würfel und diese dann in ganz feine Plättchen, die wie Buchseiten gefächert sind. Daher nennt man sie „Bibeln". Diese Verfahrensweise ermöglicht ein schnelleres Auslassen des Fettes in den großen Schmelzkesseln auf Deck. Nachdem der Speck ausgelassen ist, gießt man das Öl in einen Behälter, wo man es auf lauwarme Temperatur abkühlt. Anschließend füllt man es in Fässer, die dann in den Kielräumen eingelagert werden.

Der Pottwal wird fast auf dieselbe Weise zerlegt wie die anderen Wale. Der einzige Unterschied besteht darin, daß die Flenser mit Hilfe ihres langen Schneidegeräts im Inneren des Tieres nach der wertvollen, wohlriechenden grauen Ambra suchen.

Sobald es während der Zerlegearbeiten möglich ist, lösen die Matrosen den Unterkiefer des Wals heraus und zertrennen die Wirbelsäule. Der ungeheure Kopf wird vom Rumpf entfernt und ins Heck des Schiffes gebracht. Nach dem Zerschneiden und Auslassen des Fettes wird der Kopf auf Höhe der Brücke angebracht. Man bohrt ein Loch in den Schädel, und ein Seemann sammelt vorsichtig den Walrat in einem Eimer. Das sind ca. 2 t einer fettartigen Substanz aus der Stirnhöhle und dem Rückenkanal der Pottwale, die als Grundlage für die Herstellung von

Die Streifen zerschneidet man auf dem Deck in „Pferdeviertel", quadratische Stücke mit etwa 30 cm Seitenlänge.

Salben, Kerzen und Cetylalkohol gebraucht wird. Damit der Walrat nicht verdirbt, wird er sofort gekocht, bevor man ihn in Tonnen füllt. Bei den Glattwalen wird der Kopf nicht vom Rumpf getrennt, sondern man löst lediglich die Barten aus dem Kiefer.

Nach dem Zerlegen des Wals und dem Auslassen des Fettes stinkt das Schiff fürchterlich nach Öl. Viele Seeleute können sich daran erinnern, daß man ein Walfangschiff aus einer Entfernung von mehreren Meilen riechen konnte ...

Drei Tage lang werden die Tonnen längs der Verschanzung aufgestellt, wo das Öl erkaltet. Die Leinen werden gelöst, und das riesige Gerippe des Wals versinkt ungenutzt im Meer. Daher finden sich um einen Walfänger immer viele Haie.

Der große Ansturm auf das kalifornische Gold im 19. Jahrhundert läutet das Ende der amerikanischen Walfangindustrie ein.

In der Mitte des 19. Jahrhunderts erlebt die amerikanische Walfangindustrie ihren Niedergang. Der Walbestand geht zurück, und folglich müssen die Schiffe auf der Suche nach Walen immer weitere Strecken zurücklegen. Und oft kommen sie jetzt mit leeren Laderäumen zurück.

Ein Barbier aus Dartmouth erfindet im Jahr 1848 eine neue und furchtbare Harpune. Sie hat eine bewegliche Spitze und wird daher „temple toggle iron" genannt. Hat sie sich einmal in den Walkörper gebohrt, kippt der stählerne Harpunenkopf um, und die Widerhaken dringen tief ins Fleisch ein. Damit hat der Wal kaum noch eine Chance, sich loszureißen.

Doch der Aufschwung der Walfangindustrie wird von einem Ereignis ganz anderer Art unterbrochen: Am

In der Beringstraße stellt das Eis, der Inbegriff allen Schreckens für einen Walfänger, im Sommer eine große Gefahr dar. Von Juni an segeln die Kapitäne auf der Suche nach Walen immer weiter nach Norden. Man versucht, bis an die Grenze des Packeises vorzustoßen, die sich unter dem Einfluß der Sonneneinstrahlung immer weiter nach Norden zurückzieht: Genau an dieser Grenze halten sich die meisten Wale auf. Aber hier muß man zwischen Eisschollen mit einem Durchmesser von 3 bis 6 m hindurchfahren. Manchmal liegen die Schollen ruhig im Wasser, manchmal aber werden sie von Stürmen auf die Walfangschiffe zugetrieben und zerstören alles, was ihnen in den Weg kommt.

24. Januar 1848 entdeckt J. Marshall Gold in Kalifornien. Es kommt zum berühmten Goldrausch, der dazu führt, daß die Matrosen der Walfänger in Scharen desertieren.

Nur zehn Jahre später verschlechtert sich die Situation der amerikanischen Walfangindustrie wegen der Erdölfunde in Amerika noch weiter. Schon bald wird für die Beleuchtung Petroleum statt Tran benutzt. Innerhalb weniger Jahre sinkt der Preis für Walöl auf ein Minimum.

Im Jahr 1861 schließlich bricht der Sezessionskrieg aus. Viele Seeleute dienen als Soldaten, Walfangschiffe werden zu Kriegsschiffen umgerüstet oder von Piraten aus den Südstaaten versenkt oder gekapert. Als der Krieg 1865 zu Ende geht, gibt es zudem kaum noch Wale in den angestammten Jagdgebieten. Die verbliebenen Walfänger sind dazu gezwungen, sich weit in die nördlichen Gewässer vorzuwagen, um Glattwale zu jagen.

Doch im Gegensatz zu ihren britischen Rivalen, die das neu erfundene Dampfschiff einsetzen, bleiben die amerikanischen Walfänger ihren Segelschiffen treu. Damit sind sie den Elementen viel mehr ausgesetzt, was besonders in der Arktis gefährlich sein kann: 1871 verliert die amerikanische Walfangflotte 34 Schiffe, die vor der Küste von Alaska einfrieren. Für ihren Heimathafen New Bedford ist das eine Katastrophe.

Nach und nach ersetzen neue Walfangstationen an der Westküste der Vereinigten Staaten die sterbenden Häfen Neuenglands. Doch in den letzten Jahren des 19. Jahrhunderts wenden sich auch die amerikanischen Finanziers vom Walfang ab. Sie stecken ihr Kapital in eine neue, gewinnbringendere Industrie: die Baumwollverarbeitung. Die traditionelle Jagd auf Wale stirbt langsam aus. Eine auf neue Techniken gestützte Form des Walfangs tritt an ihre Stelle. Ihre Beute sind andere, bislang kaum bejagte Walarten.

Im Sommer 1871 beschließen 40 amerikanische Walfänger, die Jagd in der Beringstraße fortzusetzen. Die Bedingungen sind seit mehreren Monaten hervorragend. Doch Mitte August verschlechtert sich das Wetter rapide, und ein großer Teil der Flotte wird im Treibeis eingeschlossen. Die Kapitäne ordnen an, die Schiffe zu verlassen. 1219 Männer, Frauen und Kinder gehen auf die kleinen Walfangboote, bis sie von sechs Schiffen, die dem Packeis entrinnen konnten, gerettet werden. Die restlichen 34 Walfangschiffe gehen verloren – ein Verlust von schätzungsweise 2 000 000 Dollar.

Während die anderen Nationen schon längst mit Dampfschiffen jagen, setzen die Amerikaner bis 1920 weiterhin Segelschiffe für den Walfang ein. Die Matrosen werden vor der Jagd im Walfangboot im Rudern ausgebildet. Bis auf den Harpunier (im Hintergrund bei seinen Waffen) braucht man im Walfangboot weniger erfahrene Seeleute als vielmehr disziplinierte Ruderer. Die meisten von ihnen sind sehr jung und oft noch nie zuvor zur See gefahren. Während der Jagd sitzen die Ruderer mit dem Rücken zum Wal. Die Leine läuft von vorne nach hinten unter den Riemen hindurch. Wenn sie schlägt, weil der Wal plötzlich springt oder taucht, kann es für die Ruderer sehr gefährlich werden.

Auf dem Schiffsdeck wird der Kiefer eines Glattwals vom Kopf abgetrennt. Er ist an seinen großen Barten unter dem Bogen des Oberkiefers leicht zu erkennen. Die Arbeiter machen sich daran, die Barten zu entfernen.

Die „Charles W. Morgan", eines der berühmten amerikanischen Walfangschiffe, wartet voll aufgetakelt auf den Wind. Auf der Mastspitze ist der Ausguck noch leer. Während der Jagd ist er dauernd besetzt.

Der Bau des Siedeofens

Der Ofen ist ein wesentlicher Bestandteil des Walfangschiffs. Der große, schwere Ofen gefährdet die Stabilität des Schiffs. Daher baut man ihn erst nach Ankunft in den Fanggründen. Auf dem Deck, genau hinter dem Fockmast, wird ein Holzrahmen angebracht, in den der Maurer die Ziegelsteine setzt, die den Boden des Ofens bilden. Bevor man das Feuer anzündet, wird ein Behälter mit Wasser gefüllt, um der Gefahr zu begegnen, daß das Feuer auf das Schiff übergreift. Die Ziegelkonstruktion speichert die Hitze. Das ist von großer Bedeutung, da das Schiff nicht genügend Holz laden kann, um das Feuer jeweils 20 Stunden in Gang zu halten. So lange braucht man, um einen Wal zu zerlegen. Vor der Rückreise wird der Ofen Ziegel für Ziegel wieder abgebaut und über Bord geworfen. Wenn das Schiff im Hafen einläuft, sieht man die beiden riesigen Siedekessel umgekehrt auf dem Deck stehen.

Im Rauch und Dampf der Speckkocherei

Bei allen Walarten ergibt jedes Körperteil ein Öl von unterschiedlicher Qualität. Jedes erfordert ein besonderes Verfahren, und die Schmelzzeit muß genauestens eingehalten werden. Um eine gleichmäßige Schmelzung zu erzielen, wird der Speck zunächst in kleine Stücke, dann in feine Scheiben zerschnitten, die man „Bibeln“ nennt. In einem zweiten Schmelzvorgang wird der schon teilweise ausgelassene Speck erneut erhitzt. An jeder Seite des Ofens ist ein großer Bottich, in dem das Öl erkaltet, bevor man es in Fässer abfüllt. Es wird dann durch eine große Luke, die zwischen den zwei ersten Masten liegt, in die Lagerräume hinuntergebracht. Am 27. Mai 1832 kehrt die „Charles W. Morgan“ nach New Bedford zurück, beladen mit 1150 Fässern Öl, von denen jedes ungefähr 150 l faßt.

Die Walarbeiter

Ein guter Fangtag kann bis zu zehn oder zwölf Wale einbringen. Das Abspecken dauert dann zehn bis zwölf Tage in beißendem Rauch und Ölgestank. Die Mannschaft löst sich in Schichten, angezeigt durch Schüsse, alle sechs Stunden ab, zerlegt den Kadaver und versorgt die enormen Schmelzkessel. Das Feuer im Ofen brennt die ganze Zeit. Während des Abspeckens nehmen die Männer keine regelmäßigen Mahlzeiten zu sich. Szenen wie auf dem Foto oben links sind ruhigeren Stunden vorbehalten. Die Seeleute müssen sich damit begnügen, Zwieback in ausgelassenem Speck zu braten.

Sechstes Kapitel

WALE IN GEFAHR

Eine technische Neuerung revolutioniert 1864 die Waljagd. Kapitän Svend Foyn, ein norwegischer Robbenfänger, stellt eine Harpune mit explosivem Kopf her. Die Reichweite des Geräts, das mit einer Kanone abgefeuert wird, beträgt 50 m. Steckt die Harpune im Fleisch des Tieres, öffnen sich ihre Widerhaken sternförmig, ein Fläschchen mit Schwefelsäure zerbricht und bringt eine Ladung Schießpulver zur Explosion, die den Tod des Wals verursacht.

Svend Foyn, der Erfinder der explosiven Harpune, die die alte Handharpune und die Lanze der traditionellen Walfänger ins Museum verbannt. Seine Erfindung revolutioniert den Walfang. Sie beendet die Ära des Walfangs als Handwerk und eröffnet die der Walfangindustrie.

Links: Walfang in Norwegen

Foyn konstruiert auch ein dampfbetriebenes Walfangschiff, die „Spes et Fides“. Darauf installiert er seine Harpunenkanone. Im Verlauf der Jagdsaison 1868 erlegt er

damit 30 Furchenwale. Bis dahin hat man keine Furchenwale gejagt, da sie zu schnell und zu schwer sind. Außerdem treibt ein toter Furchenwal nicht an der Wasseroberfläche wie andere Walarten. Foyn löst das Problem, indem er durch ein Rohr Preßluft in den Wal leitet. Er ersinnt auch „Stoßdämpfer“, um zu verhindern, daß das um sich schlagende Tier die Leine zerreißt: An das Ende der Fangleine bindet man eine Reihe von Federn und befestigt diese am Mast.

Die Küstenstation von Grytviken in Südgeorgien ist eine der wichtigsten der Antarktis. Ihre Eröffnung 1904 markiert den Anfang der großen Walfangindustrie in der antarktischen Zone. In einer Küstenstation arbeiten 200 bis 300 Leute (Direktor, Ingenieure, Werkmeister, Schmiede, Verkäufer, Mechaniker, Flenser, Schmelzer, Arbeiter, Köche). Außer der Verarbeitung von Walen müssen dort auch Walfangschiffe ausgebessert und repariert werden können.

Die neue norwegische Küstenstation.

Fünf norwegische Walfanggesellschaften lassen sich in Island nieder. Die größte Walfangstation wird 1889 in der Gegend von Onundardfjördur errichtet. Innerhalb von elf Jahren werden dort 1296 Wale verarbeitet.

Zerteilung eines Wals in einer japanischen Küstenstation gegen Ende des 19. Jahrhunderts. Nachdem der Wal im Netz gefangen worden ist, wird er auf den Strand vor der Fabrik gezogen. Die Männer ziehen die Speckstreifen mit Hilfe großer Winden vom Leib des Wals. Entgegen den abendländischen Techniken wird der Wal hier der Länge nach abgezogen. Der Speck, den man vor den Fabrikgebäuden in Stücke schneidet, wird ausgelassen. Knochen, Fett, Fleisch und Eingeweide, alles, bis auf die Leber, wird verwertet. Die letzte Waljagd mit dem Netz findet 1909 in Yamaguchi, ganz im Südwesten der Insel Hondo, statt.

Die ganze Welt – mit Ausnahme Japans, wo man eine etwas andere Methode anwendet – macht sich das norwegische Modell der „Küstenstation" zu eigen. Die Station liegt in einer Bucht oder an einer geschützten Stelle an der Küste. Auf einer geneigten Rampe wird der Wal an Land gezogen und dann zerlegt. Man schneidet die Haut des Wals auf und zieht ihm mit einem Haken das Fett vom Leib. Das geschieht nicht mehr mit Muskelkraft, sondern mit einer dampfbetriebenen Winde. Daraufhin wird der Speck maschinell in dünne Streifen geschnitten und in einem großen, deckellosen Schmelztiegel ausgelassen. Die Fässer mit dem gewonnenen Öl, dem Herz, den Gedärmen und der Lunge werden mit Nummern versehen und mit dem Skelett auf eine kleine Plattform gebracht, die rechts von der Rampe liegt. Das übrige Fleisch wird zerstückelt und mit den Knochen in einem großen, geschlossenen Topf gekocht, um daraus noch etwas Öl zu gewinnen. Die Knochen werden dann zu einem Pulver zerstoßen und mit dem getrockneten Fleisch zu Dünger vermischt. Aus der beim Kochen entstandenen Brühe stellt man Klebstoff her.

In Japan wird der Walkadaver am Rumpf des Schiffes festgebunden und schon im Wasser zerteilt. Die Speckstücke werden an den Kai gebracht und dort weiterverarbeitet. Seit 1891 betreiben Rußland und Japan Walfang in großem Umfang und stellen eine blühende Industrie auf die Beine. 1904 bricht jedoch der Russisch-Japanische Seekrieg aus, und der Walfang der beiden Länder erfährt dadurch einen großen Rückschlag.

Die Walfangindustrie des 20. Jahrhunderts.

Zu Beginn des 20. Jahrhunderts stehen die norwegischen Walfänger vor neuen Problemen. Die Walbestände in der näheren Umgebung der europäischen Küsten gehen alarmierend zurück. 1902 werden noch 1305 Wale vor Island erlegt. Zehn Jahre später, 1912, erbeuten sie dort nur noch 15 Tiere.

Daher veranlaßt die norwegische Regierung die Walfanggesellschaften, ihre Aktivitäten auf die offene See in internationale Gewässer zu verlegen. Neue Stationen werden in Island, auf den Färöer-Inseln und auf den Hebriden gebaut. Doch bald muß man in noch größerer Entfernung jagen: an den Küsten von Labrador, wo 1905 bereits 18 Walfangstationen existieren, vor Spanien und Marokko, an der Pazifikküste vor Nordamerika, in afrikanischen und südamerikanischen Gewässern.

Anfang des 20. Jahrhunderts stellen die Norweger die ersten Walfangmutterschiffe her. Das sind schwimmende Fabriken, in denen die Wale schon auf hoher See verarbeitet werden Überdies verbessern die Norweger die Harpune von Foyn: Sie ersetzen das Säurefläschchen durch einen Zeitzündermechanismus, erhöhen die Eindringungskraft ins Fleisch und machen das Geschütz leichter.

Norwegische Flenser neben ihrem Glattwal. In der Hand halten sie die Flensmesser, mit denen sie die Speckstreifen abtrennen und zerschneiden. Auf den hier deutlich sichtbaren Auswüchsen am Unterkiefer des Tieres setzen sich kleine parasitische Crustaceen fest.

Durch den Ersten Weltkrieg wird die Entwicklung der industriellen Techniken in der norwegischen Walfangindustrie noch beschleunigt: Die Nachfrage nach Glyzerin, einem Walprodukt, aus dem man Sprengstoff herstellt, steigt enorm.

Außerdem erprobt man zahlreiche neue Instrumente für die Jagd, u. a. die elektrische Harpune und die Flachkopfharpune. Die Japaner setzen noch verfeinertere Technik ein: das für die Kriegführung zur See entwickelte Sonargerät. Damit kann die Richtung, in die die Wale schwimmen, und die Entfernung, in der sie sich von den Booten befinden, ermittelt werden.

Nach dem Krieg, insbesondere in den 1930er Jahren, setzt sich das Walmassaker weiter fort. Wale aller Gattungen und Größen, Männchen oder Weibchen, junge oder alte Tiere werden von der Arktis bis zur Antarktis gejagt.

Das Fabrikschiff knüpft insofern an den Walfang des 18. und 19. Jahrhunderts an, als es ebenso wie die Walfänger vorher mit Kochern ausgerüstet ist und die erlegten Wale schon auf See verarbeitet werden. Der Wal wird an der Seite des Schiffs zerlegt, der Speck an Bord gehievt und ausgelassen. Doch viele Vorgänge werden jetzt von Maschinen bewerkstelligt.

Norwegisches Walfangboot von 1946 (oben). In den 1940er Jahren konstruieren die Norweger viele Fabrikschiffe, die auch außerhalb der Jagdperioden an jedem beliebigen Ankerplatz arbeiten können. Es sind in der Regel große Dampfer (meist Frachtdampfer) oder Handelsschiffe, die umgebaut und mit Hebevorrichtungen und Kochern zu schwimmenden Walfangstationen ausgerüstet werden. Die größten dieser Schiffe sind alte Passagierdampfer.

Seit Ende des Zweiten Weltkriegs sind die Wale vom Aussterben bedroht.

Nach dem Ende des Zweiten Weltkriegs beginnen die Jagdfeldzüge in den antarktischen Gewässern in großem Ausmaß. Weltweit besteht ein großer Bedarf an Nahrungsmitteln und an genießbarem Öl.

So schwimmen 1945 bereits neun Walfangmutterschiffe mit ihren Jagdeskorten auf den Meeren: Davon besitzt Norwegen sechs, Großbritannien zwei und Südafrika eines. Im Jahr darauf sind es schon elf: sieben norwegische, drei englische und ein südafrikanisches. Japan erhält von den Alliierten die Genehmigung, seine Walfangflotte wiederaufzubauen.

Zwar werden während des Zweiten Weltkriegs kaum Wale gejagt, doch reichen die wenigen Jahre nicht für die Erholung des Walbestands aus. Im Gegenteil, ihre Zahl nimmt unaufhörlich ab. Daher findet 1946 die Gründungskonferenz der *Internationalen Walfangkommission* (IWC) in Washington statt, die eine Lösung für das schwerwiegende Problem suchen soll. Nach mehreren Versammlungen und nach Verhandlungen, die sich über 20 Jahre hinziehen, erklärt die Kommission Glattwale, Grauwale und Blauwale zu geschützten Arten. Außerdem verbietet sie den Fang von Jungtieren und trächtigen Weibchen bei allen anderen Arten.

Doch die Anweisungen des IWC existieren nur auf dem Papier. Die verantwortlichen Regierungen ignorieren die Bestimmungen einfach.

Das von den Norwegern in der ersten Hälfte dieses Jahrhunderts eingeführte System von Fabrikschiffen bewährt sich, denn es macht eine Kontrolle fast unmöglich. Auf den gigantischen Schiffen wird Tag und Nacht gearbeitet. Walfänger laufen die Fabrikschiffe an und liefern durchschnittlich ein Dutzend Wale täglich an die Walfangmutterschiffe.

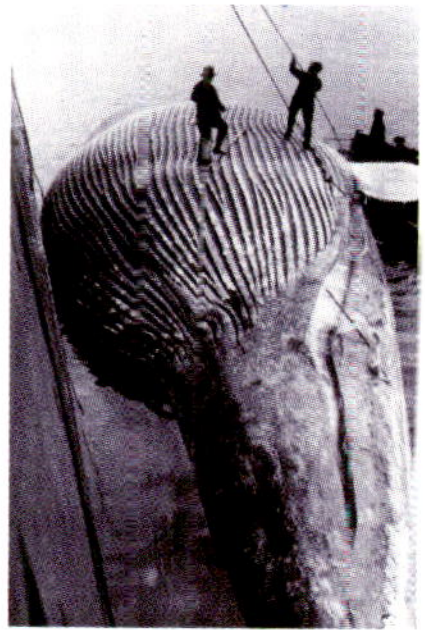

Der moderne Walfang funktioniert dank der hochperfektionierten Fang- und Fabrikschiffe.

Moderne Walfangschiffe sind durchschnittlich 30 bis 40 m lang, sehr große bis zu 60 m, und wiegen um 500 t. Die Schiffe sind sehr robust und wendig, für jedes Wetter

Dieser Furchenwal (unten) auf dem Deck eines amerikanischen Walfängers wird gerade zerlegt. Die moderne Jagd von motorbetriebenen Schiffen aus macht die Jagd auf Furchenwale (Blauwale, Finnwale oder Seiwale) möglich, die schneller sind als Segelschiffe und daher nicht gefangen werden konnten. Die Furchenwale sind übrigens so stark, daß sie ein Walfangboot meilenweit mit sich ziehen können. Nur Wale von großem Wuchs, wie Glattwale und Pottwale, sind begehrte Beute. Dafür gibt es einen guten Grund: Sind sie einmal tot, treiben diese Arten an der Wasseroberfläche und können mit kleinen Booten abgeschleppt werden.

gebaut. Sie werden von einem 6-Zylinder-Dieselmotor angetrieben und erreichen Geschwindigkeiten bis zu 18 Knoten. Die zwölf Mann Besatzung sind durch Funk ständig mit dem Fabrikschiff verbunden.

Wenn der Matrose im Ausguck einen Wal sichtet, geht der Kanonier über die Sichtplattform auf die Schußplattform, und der Mann von der Schiffswache gibt ihm die genaue Position des Wals an. Nun zeigt der Kanonier dem Steuermann durch Armbewegungen Geschwindigkeit und Kurs an.

Wenn sich der Wal einige Meter vor dem Bug des Schiffes befindet, legt der Kanonier auf den Rücken

Eine Harpunenkanone.

des Tieres an. Er dreht und korrigiert die Lage seiner Kanone, um die Bewegungen des Schiffes und des Tieres auszugleichen. Dann schießt er. Die Harpune, an der ein schweres Seil befestigt ist, bohrt sich in den Wal. Einige Sekunden später explodiert die Ladung am Kopf der Harpune.

Der erlegte Wal wird mit dem Schwanz am vorderen Teil des Schiffsrumpfs festgemacht. Damit er nicht versinkt, wird er mit Preßluft vollgeblasen. Ein kleiner Sender und eine Zahl werden am Rücken befestigt, dann löst man die Leine und läßt ihn knapp unter der Wasseroberfläche treiben. Später birgt ihn ein kleineres Boot und schleppt ihn zum Fabrikschiff.

Das Fabrikschiff wiegt 20 000 bis 30 000 t. Die Besatzung kann bis zu 400 Mann stark sein und ist mit extrem verfeinerten Navigationsgeräten ausgerüstet. Über ein Slip, eine schiefe Fläche am Heck, wird der Wal an Bord gezogen. An Deck werden Haut und Speck mit Hilfe von

Die Umweltschutzorganisation Greenpeace, die sich für den Schutz der Wale einsetzt, agiert direkt im Walfanggebiet: Auf dem offenen Meer fahren die Umweltschützer mit ihren Schlauchbooten zwischen Walfänger und Wal. Auf diesem Foto, das etwa auf der Höhe von Spanien gemacht wurde, hat der Walfänger gerade geschossen: Die Harpune hat einen Wal getroffen, das Schlauchboot von Greenpeace hat sich entfernt. Vor dem Schiff kämpft der Wal mit dem Tod.

mächtigen Winden vom Kadaver des Wals abgezogen. Die Flenser teilen den Speck, schneiden das Fleisch zu und zersägen die Knochen. Unter der Bearbeitungsfläche liegen verschiedene Kessel, in die alle Teile des Tiers außer dem Fleisch kommen. Das gewonnene Öl wird in großen Behältern, das Fleisch in Kühlkammern gelagert. Nur das Fischbein, das im 18. und 19. Jahrhundert für die Korsettherstellung noch sehr begehrt war, wird ins Meer zurückgeworfen.

Die Jagden auf hoher See sind sehr kostspielig und verlangen speziell ausgebildete Arbeitskräfte, die immer seltener werden. In den 1960er Jahren gewinnt die Jagd vor der Küste wieder an Bedeutung. Da in den betreffenden

Die Jagdmethoden haben sich geändert: Auf diesem riesigen sowjetischen Fabrikschiff verschlingt eine große Ladeluke, zu der eine geneigte Rampe führt, buchstäblich die getöteten Wale (oben). Der gerötete Blasstrahl eines Wals im Todeskampf, von den Walfängern als Blume bezeichnet, bleibt immer derselbe... Bald ist das Wasser um den Wal von seinem Blut gerötet.

Ländern nur die Regierungen ihre territorialen Gewässer bis zur 200-Meilen-Grenze kontrollieren, können sie die Appelle des IWC vollständig ignorieren. So geht das Massaker an den Walen in einer furchtbaren und schonungslosen Weise weiter. Auch wenn die Anstrengungen der Walfangkommission zunehmen, ist ihre Wirkung doch sehr begrenzt.

Seit den 1960er Jahren schicken Großbritannien, die Niederlande und Norwegen keine Schiffe mehr in die Antarktis. Die beiden erstgenannten Länder rüsten ihre Walfangflotte sogar komplett ab. Norwegen behält einige wenige Schiffe, die nur noch in den eigenen territorialen Gewässern operieren.

Durch das Verschwinden der Wale wird die Jagd für die osteuropäischen Länder unrentabel.

In der modernen Wirtschaft hat der Walfang längst keine wirkliche Funktion mehr: Walprodukte können praktisch alle durch andere Stoffe ersetzt werden. Schließlich wird es auch immer schwieriger, gut ausgebildete Leute für die Walfänger zu finden.

Nur in Japan und der UdSSR gibt es noch Faktoren, die die Hochseejagd rentabel machen: In der UdSSR ist die Walfangindustrie Versorger der chemischen Industrie, und in Japan ist das Walfleisch eine begehrte Delikatesse.

Gehen wir auf eine Welt ohne Wale zu? Seit Beginn dieses Jahrhunderts verringert sich der Walbestand besorgniserregend. Schon 1912 warnt der norwegische Schriftsteller Collet: „Die Harpunenkanone von Foyn setzt ihren

Walfangschiff von 1978. Die modernen Walfänger sind starke Schiffe, die aus älteren Modellen, von denen noch vor kurzem viele in Gebrauch waren, entwickelt wurden. Sie sind mit sechszylindrigen Dieselmotoren ausgestattet und haben 3 000 bis 3 600 PS. Sie sind durchschnittlich an die 60 m lang und wiegen zwischen 500 und 900 t.

Marsch quer durch die Ozeane mit einer beispiellosen Gewalt fort. Für einige Zeit mag sie noch erlauben, großen Reichtum aus dem Meer hervorzuholen. Doch eine solche Ausbeutung einer Tiergruppe, die so begrenzt ist wie die der Wale, vermindert die Population bedrohlich."

Der Alarmruf ist jedoch nicht rechtzeitig gehört worden. Die Zahlen des Massakers sind schreckenerregend. Zwischen den beiden Weltkriegen werden jährlich 50 000 Wale erlegt. Im Jahr 1964 töten und verarbeiten 357 Waljäger, 23 Fabrikschiffe und etwa 40 Küstenstationen 318 Buckelwale, 372 Blauwale, 19 000 Finnwale, 13 000 Seiwale und 29 000 Pottwale. Allein die antarktische Flotte erlegt in einer Jagdsaison 37 000 Wale verschiedener Arten.

Die Zahl der Wale nimmt im 20. Jahrhundert ständig ab. 1930 gibt es noch 300 000 Blauwale, heute sind es weniger als 11 200. Von 40 000 Buckelwalen im Jahr 1940 gibt es heute vielleicht noch 8 000 bis 10 000. Seit 1966 ist daher die Jagd auf beide Arten durch den IWC verboten.

Finnwale werden bis heute gejagt. Immerhin leben davon noch etwa 200 000 Tiere. Durch einen zeitweiligen Stop der Jagd auf Pottwale haben sich deren Bestände auf etwa 732 000 Tiere erholt.

Das Überleben der Glattwale in der Arktis und der Antarktis hängt buchstäblich von einem Wunder ab: Vom 18. bis ins 20. Jahrhundert sind sie ununterbrochen gejagt worden, und man kann nicht sagen, wie viele es einmal waren, als sie die höchste Population hatten. Von vielen Arten leben heute nur noch wenige hundert Tiere, zu wenig, um die Art zu erhalten.

Bildreihe unten von links nach rechts:

Der Kanonier peilt das Ziel durch das Visier, das oberhalb der Kanone angebracht ist, an und drückt den Abzug: Die Harpune trifft den Pottwal direkt vor der Rückenflosse in die Seite. Sobald der Wal tot ist, treidelt man ihn mit einer Winde auf das Deck. Dann beginnen die Flenser mit ihrer Arbeit. Mit den langen, scharfen, gebogenen Messern werden große Einschnitte gemacht. Die Stücke werden dann mit Hilfe einer Winde vom Körper getrennt. Der Oberkiefer wird ausgerenkt, so daß man den Unterkiefer mit seinen Zähnen entfernen kann. Der abgespeckte Leib oder „Scrot" wird zuletzt nach vorne auf das Lemmer- oder Fleischdeck gezogen.

Zur Erhaltung des ökologischen Gleichgewichts ist ein vollständiges Verbot des Walfangs unerläßlich.

Ein oder zwei Millionen großer Wale haben ein Gewicht von mindestens 20 000 000 t. Damit stellen sie einen enormen Prozentsatz der *Biomasse* dar. Wie der Mensch stehen die Wale am Ende der Nahrungskette, d. h. es sind Tiere, die fressen, ohne gefressen zu werden. Als solche spielen sie eine wesentliche Rolle im marinen ökologischen Gleichgewicht. Das Gleichgewicht ist empfindlich und kompliziert. Gleich dem Räderwerk einer großen Maschine sind alle Faktoren ineinander verzahnt. Dieses System zu beeinträchtigen, heißt zu riskieren, den Mechanismus ein für allemal zu zerstören, so daß er nicht wieder repariert werden kann.

Es ist unmöglich, die Folgen der Zerstörung des ökologischen Gleichgewichts der Umwelt genau vorauszusehen. Die marine Umwelt ist wesentlich für das Leben insgesamt. Nicht zuletzt diese Tatsache verpflichtet uns, das Gleichgewicht so gut wir können zu schützen. Man muß sich auch bewußt sein, daß jede Lebensform ihr Recht hat, zu bestehen.

Seit langer Zeit werden die Wale als intelligenteste und größte Meeresbewohner mit dem Menschen, dem Beherrscher des Festlands, verglichen.

„Aber wenn ich nicht einmal seinen Schwanz (des Wals) kenne, wie soll ich dann seinen Kopf verstehen, wie überhaupt sein Angesicht begreifen, wenn er gar keins hat?

In den verschiedensten Sprachen und Kulturen finden sich Überlieferungen, die auf die sonderbare Parallelität zwischen Mensch und Wal hinweisen.

Doch während der Mensch versucht, sich die Erde untertan zu machen, leben die Wale in Einklang mit ihrer Umgebung. Hatte die Jagd auf Wale von zerbrechlichen Booten aus noch ihre Berechtigung, zumal sie für die Menschen lebenswichtig war, so ist der Walfang in großem Umfang im 20. Jahrhundert, insbesondere seit der Entdeckung und Nutzung des Erdöls, durch nichts mehr zu rechtfertigen.

Schaut euch meinen Rücken an und meinen Schwanz, scheint er zu sagen, aber mein Gesicht sollt ihr nicht zu sehen bekommen.“
Herman Melville, „Moby Dick“

水ノ浦

ZEUGNISSE UND DOKUMENTE

Der Weg zurück ins Meer

Zweifelsfrei stand die Wiege aller Lebewesen im Meer. Erst von hier aus erfolgte die Besiedlung der Landmassen – zunächst durch die Pflanzen, dann von den Tieren. Die Vorfahren der Wale waren landlebende Säugetiere, hervorgegangen aus frühen Verwandten der Raubtiere und der Huftiere, die im Gebiet des heutigen Nordamerika, Europa und Asien lebten. Sie gehören zu den wenigen Tierarten, die den Schritt zurück ins Meer wagten.

Wale sind nicht Fisch, sondern Fleisch. Sie sind Säugetiere, die vor rund 60 Millionen Jahren den „Sprung ins kalte Wasser machten" und sich im Laufe einer langen Entwicklungsgeschichte dem neuen Milieu anpaßten. Anders als Robben, die beispielsweise zur Geburt ihrer Jungen und zum Schlafen noch an Land gehen, können die Wale das feuchte Element nicht mehr verlassen. Manche haben sich zu ausgesprochenen Hochseebewohnern „gemausert", die sowohl im Tieftauchen als auch im Langstreckenschwimmen Rekorde aufstellen. Sie sind wahre Anpassungskünstler, vergleichbar vielleicht den Fledermäusen, die sich als Säuger die Welt der Vögel erobert haben. Die Wale eroberten die Meere, alle Meere, und manche wurden auch im Süßwasser heimisch. Natürlich konnten sie sich nicht Hals über Kopf an solche für „Landratten" – die sie nun mal waren – extremen Lebensräume anpassen. Ihr Körper mußte gehörige Umwandlungen erfahren, bis er die Stromlinienform angenommen hatte, bis sich die Tiere wie Fische im Wasser bewegen konnten.

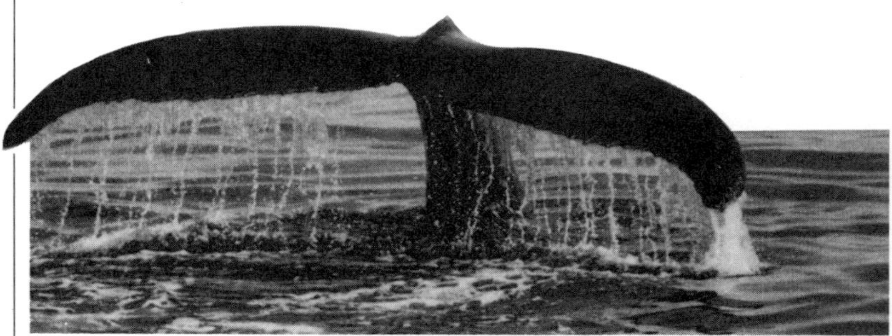

Ihre ersten Schwimmversuche unternahmen die zukünftigen Könige der Meere – die nach Angaben von Gaskin seinerzeit kaum seetüchtiger waren als Nilpferde, wenn auch von schlankerer Gestalt – vermutlich in der Region der westlichen Tethys, dem Vorläufer des Mittelmeeres, das sich damals im Paläozän, weitaus größer als heute, zwischen Südeuropa, Nordafrika, Kleinasien, Zentralasien und Hinterindien erstreckte.

Hier machten sich landbewohnende Urraubtiere peu à peu mit dem Wasser vertraut, um vermutlich zunächst im Süß- und Brackwasser auf Fischfang und Muschelsuche zu gehen. Wahrscheinlich lockte sie ein üppiges Nahrungsangebot, das sie aber nur nassen Fußes erbeuten konnten. Sie begannen, eine ökologische Nische zu erobern, die wohl gerade entstanden war, zumal zu dieser Zeit die Saurier ausgestorben waren. Einerseits wurde durch das Fehlen der wasserlebenden Saurier Nahrung frei und andererseits das Angebot an Land knapper, weil sich hier neue Säugetiergruppen ausbreiten konnten. Die Nahrungskonkurrenz stieg, und wer nicht wasserscheu war, tat gut daran, auf andere Futterquellen auszuweichen, sich allmählich auf die noch nicht entwickelte Schwanzflosse zu machen. Größere Chancen hatten freilich die Lebewesen, die schneller als andere zum Zuge kamen, sei es, weil sie schneller schwimmen konnten, sei es, weil sie geschickter im Fischen waren und zum Wal wurden, zum Säugetier in Fischgestalt, das auch weitere und tiefere Regionen im Meer erobern konnte. Nach wie vor tragen diese Tiere ein Skelett, das sich auf einen Nenner bringen läßt mit dem von Hund oder Katze, Mensch oder Maus, auch wenn bei einigen Elementen nur noch Rudimente einen Ursprung ahnen lassen. Die wohl auffälligste Veränderung haben die Extremitäten erfahren: Statt der säugerüblichen zwei Paare, Vorder- und Hinterextremitäten, sind die Hinterbeine fast verschwunden. Anders als die Robben, die ihre Hinterextremitäten als eine Art Schwanzflosse zum Schwimmen benutzen, haben die Wale auf ihre Vierbeinigkeit ganz und gar verzichtet. Offensichtlich wurde sie nutzlos, als die Wale schwimmen lernten, als ihnen die kräftige Schwanzflosse wuchs, die sie funktionstüchtiger durch die Meere treibt. Unter dem eisernen Gesetz des Energie-Sparprogramms, das in der Natur immer Gültigkeit hat, wurden die Beine rückgebildet. Die Natur erlaubt sich keinen Luxus; Elemente, die nicht oder nicht mehr gebraucht werden, beginnen zu degenerieren und werden schließlich abgeschafft. Bei den Walen erinnert heute allenfalls noch ein im Gewebe verborgenes Knöchelchen an die ehemalige Existenz eines Oberschenkels. Dieser Femurrest kann – nach eigenen Untersuchungen – etwa die Größe einer Walnuß haben. Selten läßt sich tief aus einem Berg von Muskulatur ein zweites Knöchelchen ausgraben, das vielleicht den Rest eines Unterschenkels darstellt. Eine Funktion kann diesen Rudimenten freilich nicht mehr zugesprochen werden. Anders sieht es mit den Beckenknochen aus. Auch sie wurden, zumal ihre Stützfunktion für die Hinterbeine weggefallen ist, reduziert, und haben sich von der Wirbelsäule gelöst. Als zwei Knochenstäbe liegen sie rechts und links der Genitalöffnung frei im Muskelgewebe, als hätten sie dort nichts verloren. Daß Reste eines ehemaligen Beckengürtels aber doch vorhanden geblieben sind, hat seinen guten Grund: Noch heute inserieren Muskeln, die zu den Geschlechtsorganen gehören, am reduzierten Becken. Die Knochen haben demnach immer noch eine Funktion zu erfüllen, die eine vollständige Reduzierung nicht zuläßt. (...)

[Die] Vorfahren [der Wale] waren landlebende Reptilien aus der Perm- und Triaszeit, zwischen Erdaltertum und Erdmittelalter. Zu diesen säugetierähnlichen Reptilien (Therapsida), wie sie der Stammesgeschichtler Erich Thenius bezeichnet, gehören verschiedene Stämme der Säugetierzähner (Theriodontia), „die den Trend zum Ausbilden säugetierartiger Eigenschaften besonders deutlich erkennen lassen". Sie beherrschten die Erde vor etwa 270 bis 180 Millionen Jahren, also lange bevor die riesigen Dinosaurier auftauchten. Besondere Merkmale: Nach Thenius ließen die Größe und Gestalt ihrer Nasenmuscheln, der Bau ihres Brustkorbs und anderer Skelettmerkmale den Schluß zu, daß diese Therapsiden mit dem Zwerchfell atmeten und warmblütig waren. „In dieser Hinsicht ließ sich also keine scharfe Trennungslinie mehr zwischen Reptil und Säuger ziehen." Mit den heutigen Reptilien allerdings sollen die Ahnen der Säugetiere kaum noch etwas gemein haben.

Obwohl Paläontologen keine „Knochenarbeit" scheuen, um der Stammesgeschichte auf die Spur zu kommen, wurden die direkten Vorfahren der „Halb-Land-halb-Wasserwale" nie gefunden, doch läßt sich ihr Stammbaum heute recht genau zurückverfolgen. Neben fossilen Merkmalen sprechen auch serologische Untersuchungen dafür, daß die Wale von Urraubtieren (Creodonta) abstammen, die ihrerseits zusammen mit den Huftieren, besonders den Paarhufern, wie Rindern und Kamelen, auf insektenfressende Säugetiere zurückzuführen sind. „Unter den Creodonta", so der Zoologe Helmut A. Oelschläger, „sind in jüngerer Zeit die Mesonychidae als diejenige Gruppe landlebender Säugetiere identifiziert worden, aus welcher am Ende der Kreidezeit die Urwale (Archaeoceti) hervorgingen." Das war vor etwa 125 Millionen Jahren.

Die ältesten Wale, von denen fossile Reste entdeckt wurden, stammen aus dem Eozän vor etwa 45 Millionen Jahren. Sie wurden in Nordamerika, Ägypten, Neuseeland und Nigeria gefunden und waren schon echte Wasserbewohner. Man faßt diese Archaeoceti in vier Familien zusammen. Teilweise hatten sie eine schlangenförmige Gestalt, teilweise erinnern sie schon an den Körperbau der Delphine. Sie erreichten eine Länge zwischen zwei und 20 Metern, besaßen symmetrische Schädelknochen, meist 44 Zähne im Ober- und Unterkiefer, und ihre Nasenlöcher lagen etwa oberhalb der Schnauzenspitze. Als primitivste Urwale werden die Protocetidae angesehen; sie waren zwei bis drei Meter lang und hatten eine lange, reptilienartige Schnauze. „Zwei ihrer Gattungen, Protocetus aus dem mittleren

Eozän Ägyptens und Pappocetus aus dem Miozän Nigerias", so Oelschläger, „stehen im Bau des Schädels und in der Morphologie der Zähne zwischen den landlebenden Mesonychidae und den heute lebenden Walen." Vermutlich hatte Protocetus noch ein relativ großes Becken und funktionstüchtige Hinterbeine. Ein typischer Urwal ist der ausgestorbene Dorudon (Dorudontidae) von etwa zwei Metern Länge, der bereits deutlich die typische Walform zeigt und stark reduzierte Hinterextremitäten hat. Am modernsten sind die mittelgroßen Patriocetidae, deren Nasenöffnungen bereits auf die Oberseite des Schädels verlagert sind. Von der Hautbeschaffenheit der Urwale gibt es keine Vorstellungen. Vermutlich war die Haut nackt, ein für Säuger typisches Haarkleid war den Tieren bereits ausgegangen. Aller Wahrscheinlichkeit nach trugen die Urwale keine Rückenfinne, zumal sie wohl relativ langsame Schwimmer waren und auf diese Stabilisationshilfe noch verzichten konnten. Schon sehr früh – so der Rückschluß des Wissenschaftlers van Valen aus dem Vergleich der Merkmale von Urwalen und modernen Walen – haben sich die Oetacea in Zahnwale (Odontoceti) und Bartenwale (Mysticeti) aufgespalten. Er führt beide auf die Protocetidae zurück. Diese frühe Aufspaltung würde auch erklären, warum sich Zahn- und Bartenwale doch in so vielerlei Beziehungen unterscheiden. Vermutlich haben sie sich unabhängig voneinander entwikkelt, sie weisen aber vergleichbare Merkmale auf, die sich für Säugetiere, die den Sprung ins Wasser machten, als beste Anpassung herausstellten.

Die ersten echten Zahnwale, von denen wir Kunde haben, sind die Squalodontidae mit Zähnen, die an das Gebiß der Haie erinnern. Sie lebten vor etwa 30 Millionen Jahren und haben sich vermutlich aus zwei Linien aufgespalten. Aus der einen könnten die Schwertwale entstanden sein, aus der anderen die Schnabelwale. Ihre Ahnen dürften bereits im Pliozän ausgestorben sein.

Über die Abstammung der Bartenwale weiß man sehr wenig. Der älteste Befund, der auf die Familie der Oerotheridae zurückführt, stammt aus dem Beginn des Miozän, ist also erst rund 30 Millionen Jahre alt. Manche Wissenschaftler halten es für möglich, daß sich die Bartenwale aus Zahnwalvorfahren entwickelt haben, und berufen sich auf die Embryonalgenese. Ein Indiz: Im Embryonalstadium tragen die Bartenwale Zahnanlagen, die vor der Geburt wieder verschwinden. In seltenen Fällen hat man sogar Wale mit verkümmerten Beinchen gefunden. Solche Evolutions-„Rückblicke" nennt die Wissenschaft Atavismen. Bei Menschen können solche Atavismen (...) auftreten, wenn durch Weiterentwicklung der embryonal angelegten Milchleisten überzählige Brustwarzen entstehen.

Der Antriebsmotor der Wale, die horizontal gelegene Schwanzflosse, die Fluke, hat auch auf den hinteren Bereich der Wirbelsäule Einfluß genommen. An den verlängerten Dornfortsätzen inserieren Sehnen und Muskeln, die mit einem großen Hebelarm arbeiten und für „Bärenkräfte" sorgen, wenn das Antriebsorgan in der Vertikalebene – auf und nieder – in Bewegung gesetzt wird.

Zur knochenlosen Schwanzflosse hin läuft die mächtige Wirbelsäule bis zur Größe einer Billardkugel aus. (...)

Freilich hatte die Wissenschaft lange an diesen Problemen zu knakken, bis sich das Bild allmählich abzurunden begann. Es ist also kein Wunder, daß die frühen Naturkundler die Tiere als „Walfische" bezeichneten, zumal damals die Umweltanpassung als Grundlage für ihre systematische Einordnung galt. (...) Als erster ordnete im Jahr 1693 John Ray die Wale den Säugetieren zu.

Petra Deimer: *„Das Buch der Wale"*

Als Urwale (Archaeoceti) werden die erdgeschichtlich ältesten und meist auch altertümlichsten Wale zusammengefaßt. Es sind – wenn man von den vermutlich amphibisch lebenden ältesten Urwalen *(Pakicetus)* absieht – völlig an das dauernde Wasserleben angepaßte, mittelgroße bis große Säugetiere, von denen die ursprünglichsten noch ein vollständiges und heterodontes, also aus unterschiedlich gestalteten Zähnen bestehendes Gebiß (...), der Schädel ein kleines Gehirn und eine im vorderen Abschnitt der Schnauze liegende Nasenöffnung sowie freie Halswirbel besitzen. Die Backenzähne sind mehrwurzelig und mehrspitzig, also noch nicht vereinfacht wie bei den modernen Zahnwalen. Die Gehörregion entspricht jener von Landsäugetieren, eine Echo-Ortung war nach J. F. Pompecki noch nicht entwickelt. Bekanntlich „sehen" die Wale mit den Ohren im Wasser besser als mit den Augen, da Wasser den Schall viel besser leitet.

Bei den eozänen Dorudontidae (z. B. *Dorudon, Zygorhiza*) und Basilosauridae (z. B. *Basilosaurus* = *„Zeuglodon"*, *Prozeuglodon*) sind die Hintergliedmaßen weitgehend rückgebildet, die Vordergliedmaßen zu Flossen umgestaltet und eine Schwanzflosse ausgebildet. Bei *Basilosaurus* ist der Rumpf stark verlängert. Die Urwale scheinen im jüngeren Alttertiär (Oligozän) ausgestorben zu sein. Ein Überleben im Altmiozän (*Phococetus* in Westeuropa) erscheint nicht gesichert.

Die Ahnenformen der modernen Wale sind wohl unter frühen Archaeoceten (Protocetidae) zu suchen, auch wenn bessere Fossilbelege noch abzuwarten sind.

Zu den erdgeschichtlich ältesten Zahnwalen (Odontoceti) zählen die Squalodontiden des Oligomiozäns (z. B. *Squalodon, Eosqualodon, Prosqualodon, Phoberodon*), die in den einstigen Warmwasserbereichen der Meere weit verbreitet waren. Die

Basilosaurus

Schnauze ist meist stark verlängert, das Gebiß heterodont. Die Backenzähne sind zwar mehrspitzig, doch einfacher gestaltet als bei altertümlichen Urwalen. Ihre Zahl ist sekundär (nachträglich) vermehrt, so daß insgesamt 56 bis 62 Zähne vorhanden sind (gegenüber höchstens 44 bei den Urwalen). Das Gehirn ist höher entwickelt als bei diesen, doch wesentlich altertümlicher als bei den modernen Zahnwalen. So sind noch deutliche Riechkolben vorhanden. Die Nasenöffnung ist nach oben und hinten verlagert. Sie liegt über den Augenhöhlen, wodurch auch die Schädelknochen bereits ineinander verschachtelt sind – ein Vorgang, der bei den modernen Walen noch weiter fortgeschritten ist. Die Halswirbel sind nicht miteinander verwachsen. Als Ahnenformen der modernen Zahnwale kommen nicht die miozänen, sondern nur die altertümlichen Squalodontiden aus dem Oligozän in Betracht.

Bei den modernen Zahnwalen ist das Gebiß durchwegs homodont, das heißt, die einzelnen Zähne sind gleichförmig ausgebildet, ihre Krone ist meist einspitzig und einwurzelig. Die Zahl der Zähne ist vielfach vermehrt. Sie dienen praktisch nur mehr zum Festhalten der Beute. Zu den in vieler Hinsicht ursprünglichsten Zahnwalen gehören die Flußdelphine (Platanistidae sowie „Pontoporiidae“ und „Iniidae“), die zahlreiche altertümliche Merkmale (z. B. Großhirn mit einfacher Furchung, große Riechkolben, freie Halswirbel, einfaches Luftsacksystem) neben hochspezialisierten Eigenheiten (z. B. stark rückgebildeten Augen, Maxillarkämme, übergroßer Sonorapparat) besitzen, von denen letztere teilweise mit der Lebensweise im trüben Flußwasser im Zusammenhang stehen. Die Flußdelphine waren im Jungtertiär als Meeresbewohner nicht nur in Südamerika (z. B. *Saurodelphis*) und Asien verbreitet, sondern auch in Nordamerika (z. B. *Zarhachis, Hesperocetus*) und Europa *(Pachyacathus)*. Dies und ihre gegenwärtige Restverbreitung spricht für die Annahme, daß es zumeist sekundäre Süßwasserbewohner sind, also solche, die erst später ins Süßwasser übergewechselt sind.

Von den Physeteroidea sind die Schnabelwale (Ziphiidae) in mancher Hinsicht (z. B. Bau des Luftsacksystems) ursprünglicher als die Pottwale (Physeteridae). Sie entstanden spätestens im jüngeren Alttertiär, wie das Vorkommen altertümlicher Ziphiiden (z. B. *Notocetus* und *Squalodelphis*) und Physeteriden (z. B. *Apenophyseter*) im Altmiozän beweist. Unter den heutigen Schnabelwalen ist *Tasmacetus*

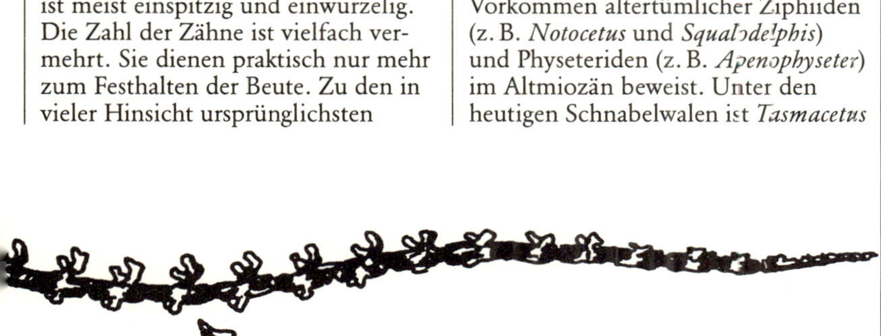

die ursprünglichste, *Hyperoodon* die spezialisierteste Gattung. Bei den Pottwalen sind es *Kogia* und *Physeter*. Der Pottwal *(Physeter macrocephalus)* ist mit einer Länge von über 20 Metern die größte lebende Zahnwalart.

Die Gründelwale (Monodontidae), zu denen Weißwal *(Delphinapterus)* und Narwal *(Monodon)* gehören, sind bisher erstmalig durch Delphinapterinen aus dem jüngsten Miozän nachgewiesen.

Zu den höchstentwickelten Zahnwalen gehören die Delphinoidea, die gegenwärtig mit den Langschnabeldelphinen (Stenidae), den Schweinswalen (Phocoenidae) und den Delphinen (Delphinidae) weltweit verbreitet sind. Dazu kommen die völlig ausgestorbenen Eurhinodelphidae (z. B. *Eurhinodelphis, Ziphiodelphis*), Acrodelphidae (z. B. *Schizodelphis*) und Kentriodontidae (z. B. *Kentriodon*), die im Jungtertiär weit verbreitet waren.

Innerhalb der Delphine sind mehrere Stammlinien zu unterscheiden, unter denen die Delphininae mit *Stenella* und *Delphinus* die fortschrittlichsten Gattungen sind. Bei den Delphinen ist das Kleinhirn völlig vom reichgefurchten Großhirn überlagert, die Riechkolben sind völlig rückgebildet. Delphine sind seit dem Altmiozän (z. B. *Protodelphinus, Megalodelphis*) nachgewiesen. *Delphinus* erscheint im jüngsten Miozän. Die Schweinswale (Phocoenidae mit *Phocoena*) zählen heute neben den Echten Delphinen zu den höchstentwickelten Walen. Sie erscheinen mit *Loxolithax* erstmalig im Mittelmiozän.

Bei den Bartenwalen (Mysticeti) sind die Zähne durch Barten ersetzt. Zähne finden sich nur bei Embryonen und belegen damit die Herkunft von bezahnten Vorfahren. Gegenwärtig sind die Bartenwale durch Angehörige von drei Familien (Grauwale, Glattwale und Furchenwale) in allen Weltmeeren vertreten, von denen die Grauwale (Eschrichtiidae) die ursprünglichsten sind. Die erdgeschichtlich ältesten Bartenwale sind mit den Cetotheriiden aus dem Mittel- bzw. Jungoligozän Neuseelands *(Mauicetus)* nachgewiesen, als sich bereits ein starker Rückgang der Urwale bemerkbar machte. Nach R. E. Fordyce steht die Entstehung der Bartenwale mit der Bildung der die Antarktis umfließenden Meeresströmung in Zusammenhang, die sich nach der Trennung von Australien und der Antarktis und der Entstehung der Drake-Passage im jüngeren Alttertiär bemerkbar machte. Die kühle Meeresströmung führte zu einer großen Planktonbildung. Cetotherien waren im Jungtertiär weit verbreitet (z. B. *Cetotherium, Mesocetus, Mixocetus, Aglaocetus*). Sie starben nach einem Rückgang im jüngsten Miozän im späten Jungtertiär wieder aus.

Glattwale (Balaenidae) und Furchenwale (Balaenopteridae) erscheinen erstmals im Mittelmiozän. Rezente (heutige) Gattungen, wie *Megaptera*, tauchen als Balaenopteride im Mittelmiozän, *Balaena* als Balaenide im Jungmiozän auf. Der gegenwärtig auf den nördlichen Pazifik beschränkte Grauwal *(Eschrichtius robustus)* war noch in geschichtlicher Zeit im Atlantik sowie in der Nord- und Ostsee heimisch.

E. Thenius in:
„Grzimeks Enzyklopädie“

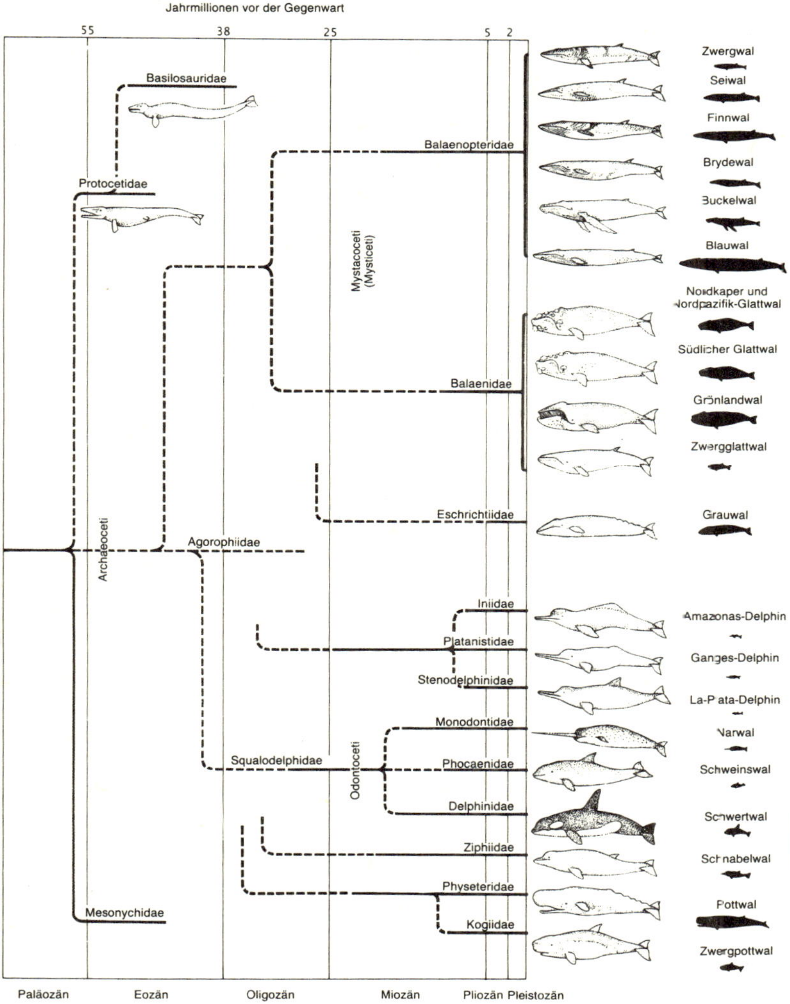

Seit die Wale vor etwa 55 Millionen Jahren aufkamen, haben sie sich in den Unterordnungen Mystacoceti oder Mysticeti (Bartenwale, oben) und Odontoceti (Zahnwale, unten) aufgespalten. Sie leben heute in allen Weltmeeren. Die Gruppe der Mystacoceti umfaßt zwölf Arten, darunter den Blauwal, das größte Tier der Welt. Die Odontoceti bestehen aus etwa 80 Arten und schließen die Zahnwale, die Delphine und die Schweinswale ein. Die tatsächlichen Größenverhältnisse der einzelnen Species sind an den Silhouetten zu erkennen (rechte Spalte).

Ökologie und Verbreitung der Wale

Die Ökologie ist eine äußerst umfassende Wissenschaft mit dem Anliegen, die mannigfaltigen Wechselbeziehungen der Organismen untereinander (Synökologie) und mit ihrer Umwelt (Autökologie) zu erfassen. Jede einzelne Art ist gekennzeichnet durch eine Vielzahl spezifischer Ansprüche, deren Erfüllung ihr spezieller Lebensraum gewährleisten muß. Aus der hieraus resultierenden Abhängigkeit von solchen Umweltfaktoren und dem Beziehungsgefüge der verschiedenen, in einem Lebensraum zusammenlebenden Arten ergibt sich die außerordentliche Komplexität – und Empfindlichkeit – eines jeden Ökosystems.

Saisonale Wanderungen

Die jährlichen Wanderungen der Wale scheinen einen ausgeprägten Kompromiß zwischen den verschiedenen Anforderungen der Aufzucht und der maximalen Nahrungsressourcen darzustellen. Daher wird eine Studie über die Verbreitungsökologie dieser Tiere weitestgehend eine Studie der Verbreitungsökologie ihrer Beutetiere sein und eine Analyse der Faktoren, die die Fähigkeit der Wale einschränken könnten, Nachkommen zu gebären und aufzuziehen. Die Bedingungen für letzteres werden grundsätzlich innerhalb der maximalen Toleranzgrenzen für den einfachen Lebensraum des erwachsenen Tieres liegen. Man weiß relativ viel über die Verbreitung der großen Wale, einfach weil ihre kommerzielle Bedeutung die größte Aufmerksamkeit (und die meisten Forschungsmittel) auf sich zog. Aber obwohl kaum Daten über die Verbreitung kleinerer oder mittelgroßer Arten vorliegen, können wir sagen, daß diese Wale, die sowohl in temperierten Zonen wie auch in hohen Breitengraden vorkommen, gewöhnlich auf den jeweiligen Hemisphären im Frühjahr eine polwärtige Wanderung unternehmen und eine entgegengesetzte Wanderung im Herbst. Die Arten, die sich in tropischen Gewässern aufhalten, weisen oft küsten- bzw. hochseeorientierte Wanderungen auf.

Langzeitstudien über zwei Arten von Delphinen im östlichen tropischen Pazifik ergaben verschiedene Bewegungsmuster. Das Wiedereinfangen markierter Tiere durch spezielle Thunfisch-Fangboote erwies, daß die

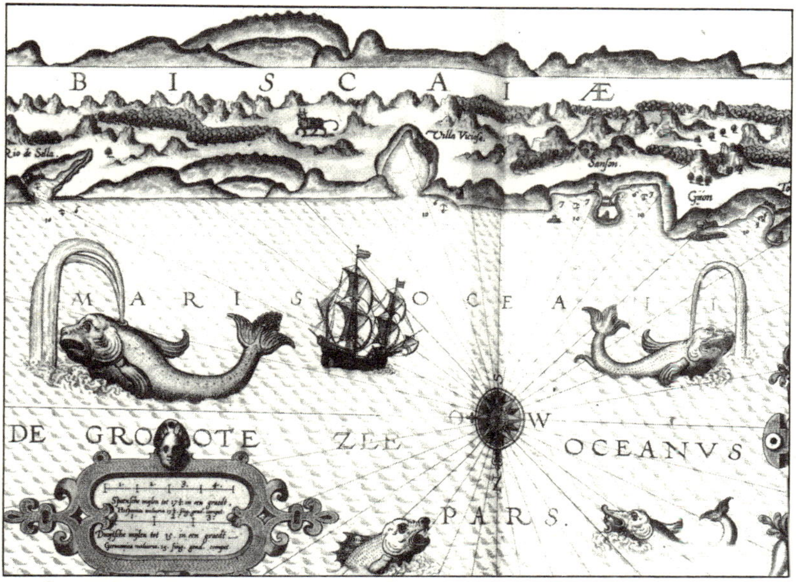

Wale bis zu 89 Seemeilen pro Tag zurücklegen. Der Durchschnitt liegt erheblich niedriger – bei etwa 30 Seemeilen pro Tag. Über längere Perioden, d. h. über mehrere Monate bis zu einem Jahr, reisen die Tiere 500–600 Seemeilen. Die Forscher, die die Studie vorlegten, interpretierten ihre Ergebnise sehr vorsichtig, da sie eine periodische Komponente zu berücksichtigen hatten: Das Revier der Tiere mißt allein etwa 200–300 Seemeilen im Durchschnitt. Nichtsdestoweniger legte die Auswertung der wieder eingesammelten Markierungen auf saisonaler Basis deutlich nahe, daß es eine küstenorientierte (d. h. östliche, zum tropischen Amerika hin) Bewegung im Herbst und Winter gab und eine meerorientierte Bewegung im Frühjahr und Sommer.

In einer neueren Studie beobachteten N. Miyazaki und seine Mitarbeiter die Wanderungen von zwei Delphinarten in den Gewässern des Nordpazifiks vor den japanischen Küsten. Sie stellten fest, daß beide Arten in einer Region lebten, die von dem warmen Kuro-Shio-Strom berührt wird, aber daß, obwohl der Blau-Weiße Delphin eher weiter im Norden lebte als der Schlankdelphin, sich beide Arten bevorzugt in einem Gebiet aufhielten, wo das relativ warme Wasser des Meeresstroms das kühlere Wasser vor der

Küste erreichte. Diese Arten findet man im Winter nur selten nördlich des 33. Breitengrades, aber in den Sommermonaten häufig bei 46 ° N. Der Schlankdelphin scheint etwas wärmere Wasser zu bevorzugen als der Blau-Weiße Delphin. Die radiotelemetrische Beobachtung Gemeiner Delphine vor der Westküste der USA zeigt, daß große Schulen des Gemeinen Delphins in 24 Stunden über 100 km zurücklegen können und über längere Zeiträume mehrere hundert Kilometer schwimmen, bevor sie an ihren Ausgangspunkt zurückkehren. Dabei wurden enge Verbindungen zwischen der Wanderung der Schulen und wesentlichen Merkmalen der Meeresboden-Topographie festgestellt, obwohl letztere wahrscheinlich die ozeanographischen Bedingungen (z. B. Strömungen) bis zu einem gewissen Maß beeinflussen.

T. Kasuya stellte kürzlich Daten über die Verbreitung des Dall-Hafenschweinswals *(Phocoenoides dalli)* in den Gewässern des westlichen Nordpazifiks zusammen. Er ging von drei Populationen aus, zwei davon vor allem aus Dall-Hafenschweinswalen in der Ochotskischen See und den nördlicheren Gewässern des Pazifiks, und eine der Varietäten der True-Wale vor den Ostküsten von Honshu und Hokaido. (...)

Alle drei Gruppen wandern im Frühjahr und Sommer in nordöstlicher, im Herbst und Winter in südwestlicher Richtung. Die Tiere bewegen sich hauptsächlich in der kalten Strömung des Oya Shio, die aus der Beringsee kommt. Die Kurile-Kette scheint eine Art natürliche topographische Grenze zu sein, wofür man aber noch keine Erklärung hat. Der *Phocoenoides dalli* ist ein Tümmler, der nur in kaltem Wasser vorkommt und deshalb in den Gebieten vor Japan selten ist, in denen die Wassertemperatur an der Oberfläche über 17 °C liegt. Die Walwanderungen vor Kalifornien sind noch nicht vollständig erforscht; sie scheinen aber einmal zur Küste hin-, dann wieder von der Küste wegzugehen. Dall-Hafenschweinswale gibt es in kalifornischen Gewässern zu jeder Jahreszeit und in allen Bereichen bis zu 30° N. In den Wintermonaten sind sie am häufigsten.

Die Population der nördlichen Glattwale *(Lissodelphis borealis)* ist vor allem in den temperierten Zonen zwischen 30° und 50° N verbreitet. Während man über die Wanderungen dieser Art bis heute nur sehr wenig weiß, läßt eine neuere Studie vermuten, daß zumindest ein Teil der Population sich im Frühjahr nach Süden und in Küstennähe bewegt, im Herbst nach Norden und auf die offene See. In den Küstengewässern Kaliforniens, die zwischen 7,5° und 19 °C warm sind, nimmt die Zahl der Tiere im Herbst zu, erreicht im Mittwinter ein Maximum und wird im Frühjahr und Frühsommer wieder kleiner, da die Tiere vermutlich zurück nach Norden wandern. Man weiß nicht, ob die Art im ganzen Pazifik vorkommt oder ob sie ausschließlich in den kühleren Randgewässern lebt. Der pelagische Tintenfisch *(Loligo opalescens)* scheint für die Ernährung des Glattwals eine wichtige Rolle zu spielen, und die Zahl der Tiere beider Arten in den kalifornischen Gewässern hängt eng zusam-

Gemeiner Delphin

men. Glattwale werden oft in der Nähe der Sandbänke vor der kalifornischen Küste wie der Cortes-Bank und dem San-Juan-Seegebirge gesehen. In letztgenanntem Gebiet beobachtete ich eine kleine Schule Glattwale, die offensichtlich in etwa einem Meter Tiefe zusammen mit Rundkopfdelphinen jagten.

Die Wanderbewegungen einiger indopazifischer Hauptarten sind zwar bekannt, doch es gibt nur wenige Daten darüber. Wenn jahreszeitliche Wanderungen im nördlichen Indischen Ozean stattfinden, hängen sie wahrscheinlich mit der Regen- und Trockenzeit und dem Einsetzen der Monsunwinde oder ähnlichen Phänomenen zusammen.

Der Indische Schweinswal ist eine charakteristische Art für die Hauptregion des östlichen Indischen Ozeans, aber die einzige umfassende Untersuchung dieses Tieres wurde in der Inlandsee vor Japan gemacht, wo er nicht so häufig vorkommt. In dieser Region zwischen 33 ° und 35 ° N mißt man im Sommer Wassertemperaturen bis 28 °C, aber im März können sie bis auf 6 °C absinken. Die große Schwankung kann zu einem gewissen Grad der geringen Wassertiefe der Inlandsee zugeschrieben werden. Dieser Schweinswal ist eine Art, die häufig in Küstengebieten vorkommt. Während der oben erwähnten Untersuchung wurden 80% der Tiere innerhalb einer Meile vor der Küste gesehen; weniger als 1% waren weiter als drei Meilen von der Küste entfernt. Man beobachtete bei ihnen eine große Vorliebe für felsige Vorgebirge und Abschnitte mit starker Strömung. Die japanischen Forscher stellten fest, daß die Anzahl der Tiere in diesem Gebiet von der Jahreszeit abhing. Die Anzahl der Tiere war im April am höchsten, im Frühwinter am niedrigsten. Die Abnahme des Bestands wurde darauf zurückgeführt, daß die Weibchen mit ihren Kälbern die Inlandsee verlassen.

Auch die Wanderrouten und die Unterschiede in der Populationsdichte in der Inlandsee wurden untersucht. Die Routen scheinen einen Teil des Jahres von Westen nach Osten zu verlaufen und dann umgekehrt. Beinahe alle Tiere verlassen die Inlandsee durch den östlichen Durchgang des Kii-Kanals in der Nähe der Bucht von Osaka. Während der Rückwanderung stieg die Zahl der Tiere zuerst im östlichen Teil der Inlandsee und streute dann Richtung Westen. Man gelangte zu dem Schluß, daß die drastischen Temperaturunterschiede an der Wasseroberfläche während des Jahres wenig sichtbare Auswirkungen auf die Tiere haben, was gerade bei ihrer geringen Größe erstaunt. Die Wanderungen können auch nicht damit erklärt werden, daß die Tiere ihrer Hauptnahrung, den *Ammodytes personatus,* folgen. Vielmehr vermutet man, daß die Inlandsee ein geeignetes Gebiet für die Paarung der Tiere und die Geburt der Jungen darstellt, da die Wassertemperatur im Frühsommer relativ stabil bleibt. Nach den ersten kritischen Monaten im Leben der Kälber bewegen sich die Weibchen von der Küste weg und überlassen ihren Artgenossen die Fische der Küstengebiete.

Ein weiterer typischer Vertreter der indopazifischen Walgruppe ist der Chinesische Weiße Delphin. In den letzten Jahren wurden die südafrikanischen Arten sehr genau untersucht, besonders die Population in der Plettenberg-Bucht an der Südküste. Dieser Delphin ist eine weitere Art, die immer in Küstennähe angetroffen wird und ihre Beute entlang sandiger Küsten mit herausragenden Felsen jagt. Es wurde beobachtet, daß einzelne Delphine Seeäschen ignorieren, obwohl sie diese in Gefangenschaft fressen, und sich statt dessen von Riffischen ernähren. In der Plettenberg-Bucht schwankt zwar die Wassertemperatur im Lauf des Jahres ebenfalls, aber dies scheint die Wanderungen der Weißen Delphine nicht zu beeinflussen. Auch wenn bei diesen Delphinen regionale Bewegungen beobachtet wurden, konnten doch keine weiträumigen Wanderungen festgestellt werden. Diese Population lebt offenbar das ganze Jahr über in ihrem Gebiet.

Die Arbeit des Autors und seiner Mitarbeiter über die Verteilung und die Bewegungen der Schweinswale in den Gewässern östlich von Kanada ist zwar noch unvollständig, aber die bisherigen Ergebnisse rechtfertigen die Annahme, daß die Population in der Bucht von Fundy saisonale Wanderungen unternimmt. Unsere Beobachtungen zeigten jedoch, daß nur wenige Hafenschweinswale während der Wintermonate in den Küstengewässern des südlichen New Brunswick und Nova Scotia bleiben, wo die Wassertemperatur auf 1,5 °C absinken kann. Ähnliche jahreszeitliche Wanderungen wurden bei europäischen Populationen derselben Spezies beobachtet. Es läßt sich zum Beispiel nachweisen, daß es in der Nordsee zu einer Wanderung in südlicher Richtung während des Winters und zu einem Eindringen in die Ostsee nur im Sommer kommt. Eine jahreszeitliche Wanderung durch die dänische Meerenge im Frühjahr und zurück im Spätherbst bzw. Frühwinter ist erkennbar. Die Ergebnisse von F.C. Fraser lassen ein Eindringen von Hafenschweinswalen in das östliche Ende des Ärmelkanals im Juni vermuten. A.G. Tomilin sammelte Daten über das Vorkommen der Art in russischen Gewässern. Sie dringt im Sommer sicherlich bis zum Kara-Meer vor, ist dort aber nicht häufig. Sie ist je nach Jahreszeit vor allem im Weißen Meer und in anderen nördlichen Gewässern bis zum Westen des Kara-Meeres anzutreffen. Im Schwarzen Meer trifft man sie am häufigsten im südlichen Teil des Asowschen Meers, in der Kerch-Meerenge und in den angrenzenden Bereichen des Schwarzen Meeres an. Obwohl diese Art relativ selten im östlichen Bereich des Schwarzen Meers vorkommt, ist sie an den Küsten Rumäniens, Bulgariens und des europäischen Teils der Türkei bekannt.

(...) Es gibt Beweise für ausgeprägte Wanderungen der Killerwale *(Orcinus orca)* im nördlichen Nordatlantik und im Norwegischen Meer. Killerwale folgen im Winter den Heringsschwärmen in die Küstengebiete und bleiben bis zum Mai in diesen für sie typischen Regionen. Im Juli und September erreicht die Population des Orca vor den Küsten Nordschottlands und Islands ihren Höchststand – was mit den bedeutendsten Heringswanderungen in diese Gewässer zusammenhängt.

Die Erforschung der Wanderungen des Entenwals (*Hyperoodon ampullatus*) im Atlantik hat ergeben, daß diese Tiere sich beinahe ausschließlich durch pelagische Gewässer bewegen und auf ihrer Suche nach den Tintenfischen *(Gonatius fabricii)* sogar das Kontinentalschelf meiden. Diese Walart begibt sich im Sommer und im Frühherbst auf der Nahrungssuche in die Nordsee, wo sich die Tiere zu verschiedenen Zeiten einmal vor Nordisland, dann wieder vor Spitzbergen aufhalten, bevor sie wieder nach Süden ziehen. Diese Population überwintert vermutlich in relativ südlichen Gewässern zwischen Island und Norwegen oder sogar in der Nähe der Britischen Inseln und anderer westeuropäischer Küsten. Einzelne Vertreter hat man zwischen August und November auch im Baltischen Meer und im September/Oktober in der Nähe der Britischen Inseln gesichtet.

(...) Drei Untersuchungen über die Wanderungen des Narwals *(Monodon monoceros)* in der kanadischen Arktis sind in den letzten Jahren veröffentlicht worden. Es ist zu erwarten, daß sich Richtung, Art und Zeitpunkt der Wanderung dieser Art hauptsächlich danach richten, wann die Gewässer durch eine dicke Eisschicht den Tieren das Überleben unmöglich machen. Beim Narwal konnte man nur einen grob festgelegten Jahreszyklus ausmachen – wahrscheinlich da er sich nur so in dieser instabilen und wechselhaften Umgebung fortzupflanzen vermag. Der größte Teil der Population in der kanadischen Arktis hält sich im Sommer in der Region des Lancaster-Sund, zwischen der Baffinbai, den Devon- und den Bylot-Inseln, auf. Man nimmt an, daß der Narwal auf dem offenen Meer in der Weite der Baffinbai überwintert. Bislang ist noch ungeklärt, ob die Narwal-Population bei Thule in Nordwestgrönland einer anderen oder derselben Population angehört. Die Tiere aus dem Lancaster-Sund beginnen in der letzten Maihälfte nach Westen zu wandern, vorbei an den Bylot- und den Devon-Inseln. Die Anzahl der wandernden Tiere im Lancaster-Sund steigt im Laufe des Sommers an und erreicht ihr Maximum im Juli und August, wonach sie sehr schnell abfällt. Früher drangen einige Herden weit nach Westen vor, bis in den

Golf von Boothia und zu den Prince-of-Wales-Inseln. Es ist allerdings ungewiß, ob diese Wanderung heute noch stattfindet.

Der reproduktive Zyklus des Pottwals *(Physeter catodon)* scheint auf den ersten Blick wegen der langen Tragedauer der Weibchen nicht zur alljährlichen Wanderung zu passen. Bei genauerem Hinsehen zeigt sich aber, daß die Phasen in Wirklichkeit synchron sind. Zumindest ein Teil der Pottwal-Population der Erde vollzieht eine Wanderung im Frühjahr und im Frühsommer in Richtung der Pole. Ein Teil der männlichen Tiere überwintert in relativ hohen Breiten, aber einige kehren mit Sicherheit in die gemäßigten Zonen zurück: So wurde ein Pottwal bei einer Breite von 62° S durch russische Forscher mit einer Markierung versehen, die vor Durban auf einer Breite von 30° S wiederentdeckt wurde. Andere Kennzeichnungen wurden bei Breiten von 6° S und 20–22° S in Wale geschossen und dann vor Saldanha Bay bei 33° S wiedergefunden. Die Herden von Pottwalen, die bis in hohe Breiten vordringen, bestehen beinahe ausschließlich aus männlichen Tieren. Die Wanderungen der Weibchen mit den Kälbern in Richtung der Pole werden schon allein dadurch eingeschränkt, daß die Kälber vermutlich unter 14 °C nicht überleben können.

(...) S. Ohsumi und seine Mitarbeiter führten eine weltweite detaillierte Untersuchung durch, die auf Pottwalbeobachtungen und -Fangberichten zwischen 1965 und 1974 basierte. Sie gelangten zu dem Schluß, daß die allgemeine Verbreitung der Wale im Nordpazifik und im Südlichen Ozean sich qualitativ unterscheidet. Im Nordpazifik stellte man eine ziemlich gleichmäßige Verbreitung in allen untersuchten Breitengraden (40°– 60° N) fest. In der südlichen Hemisphäre traf man jedoch eine relativ hohe Anzahl von Walen auf der Breite von 40° bis 45° S an, nur wenige Tiere zwischen 45° und 60° S und eine ziemlich hohe Anzahl über 60° S. Pottwale schienen häufiger in den hohen Breiten des Indischen und Pazifischen Ozeans vorzukommen als in denen des Atlantiks. Allerdings machten die

Großer Tümmler *(Tursiops truncatus)*

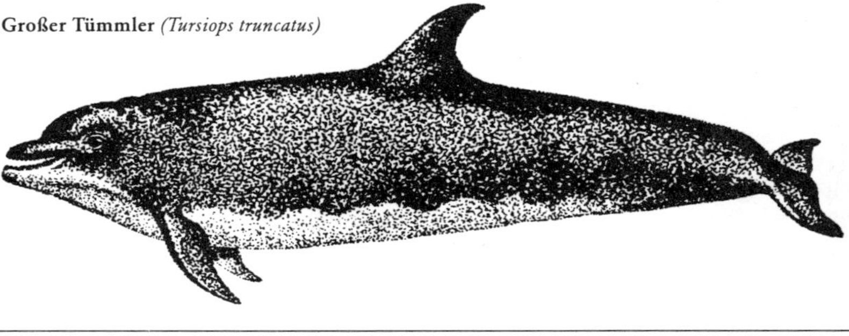

Autoren keine Angaben zu möglichen Einflüssen, die dieses Ergebnis verursachen. Die frühere intensive Ausbeutung durch europäische und amerikanische Walfänger ist offenkundig ein Aspekt, der in Betracht gezogen werden muß: Der Bestand an Pottwalen erholt sich nur sehr langsam von starker Bejagung, langsamer als der aller anderen Meeressäuger.

(...) P. B. Best und R. Gambell haben gute Zusammenfassungen der komplexen Wanderungsformen von Pottwalen erarbeitet. Sie wiesen darauf hin, daß diese Wanderungen einige einheitliche Merkmale aufweisen, die auf den ersten Blick ziemlich erstaunlich sind. Es gibt bei den erwachsenen Tieren deutliche Trennungen zwischen den Geschlechtern. So bilden viele männliche Tiere „Junggesellen"-Schulen unterschiedlicher Größe. Zwar dringen diese Tiere als einzige in die hohen Breiten vor, sind aber in keiner Weise an diese Breitengrade gebunden. Bei meiner eigenen Arbeit im Gebiet um Neuseeland existierten keine Hinweise auf „Junggesellen"-Herden nördlich 35° S, aber Best korrigierte dies und stellte fest, daß solche Herden durchaus in tropischen Breitengraden auftauchen können.

Ein merkwürdiges Charakteristikum der Wanderungen der Pottwale ist, daß auf dem Höhepunkt der Paarungszeit in der südlichen Hemisphäre (Frühling und früher Sommer, in verschiedenen Gebieten auch länger) die Mehrheit der „Junggesellen"-Schulen weit entfernt von den gemischten Herden mit paarungsbereiten Weibchen auftaucht. Dies läßt sich durch die relativ festgelegten Sozialstrukturen bei den Pottwalen erklären, scheint jedoch dazu zu führen, daß, wenn die Leittiere beim tropischen oder subtropischen Walfang getötet werden, sich kein „Ersatz" für sie findet. E. Mitchell und V. M. Kozicki haben daher vorgeschlagen, in allen Ozeanen Schutzgebiete einzurichten, in denen Pottwale während der Paarungszeit und der Aufzucht der Jungen nicht gejagt werden dürfen. Trotz der räumlichen Trennung scheinen „Junggesellen"-Schulen und gemischte Herden bei den Pottwalen im allgemeinen ähnliche Verbreitungsmuster und Wanderungsbewegungen aufzuweisen, da beide im saisonalen Wechsel auf die Pole zu bzw. von den Polen fort wandern. Im Mittwinter mischen sich anscheinend die Schulen in den Bereichen der niederen Breitengrade, vermutlich wenn sich die Herden neu ordnen. S. Ohsumi berechnete, daß nur 10–20 % aller geschlechtsreifen männlichen Tiere in einem Jahr Leittiere werden. Die Partnerwahl scheint während des Frühjahrs stattzufinden. Wenn dieser Vorgang abgeschlossen ist, ziehen die überzähligen Männchen davon und begeben sich in Richtung höherer Breitengrade. Anscheinend gibt es sogar eine bestimmte zeitliche Abfolge in der Wanderungsbewegung der Pottwale: Schulen von mittelgroßen „Junggesellen"-Walen machen sich früher auf die Reise zu den höheren Breitengraden und kehren später zu den niederen zurück als gemischte Herden, und die größten Tiere ziehen noch früher los, kehren aber als letzte zurück. Der Grund dafür ist wohl im unterschiedlichen Nahrungsbedarf der Tiere zu suchen.

(...) Bislang ist noch kaum bekannt, welche Strecken die Pottwale bei ihren Wanderungen durchschnittlich zurücklegen. M. V. Ivashin berichtete von einem männlichen Tier, das eine Gesamtstrecke von 7400 km zurücklegte, bevor es in das Paarungsgebiet zurückkehrte. Ein anderer Pottwal, der in den kanadischen Gewässern markiert worden war, wurde sieben Jahre später von spanischen Walfängern gefangen. Dies beweist, daß die männlichen Tiere sich überregional auch anderen Populationen anschließen können, auch wenn das wahrscheinlich nur sehr langsam geschieht. Best bezifferte anhand der an ihn zurückgeschickten Markierungszeichen die durchschnittliche jährliche Wanderung auf etwa 850 Seemeilen (ca. 1400 km) bei den Männchen und auf etwa 370 Seemeilen (ca. 620 km) bei den Weibchen. Dabei vertrat er entschieden die Meinung, daß das heimatliche Jagd„revier" der „Junggesellen"-Schulen weitläufiger ist als das der gemischten Schulen.

(...) Die jährlichen Wanderungen der Bartenwale von den niederen Breitengraden im Winter zu den hohen Breitengraden im Sommer sind genauer bekannt als jene der größeren Zahnwale und repräsentieren im Hinblick auf die Phylogenie der Tiere die Summe der Reaktionen auf verschiedene pleistozäne und postpleistozäne Bedingungen. Diese Wanderungsmuster befähigen die Spezies der Bartenwale, den jahreszeitlichen Nahrungsreichtum bestimmter Gewässer in hohen Breitengraden auszunutzen und sich dennoch in relativ warmen Gewässern mit ziemlich geringem Nahrungsangebot zu paaren und auch zu kalben, was wahrscheinlich dazu dient, einige Probleme bei der Vermehrung zu umgehen und die Gefahren für das Überleben der Neugeborenen zu vermindern. Man kennt die Reproduktionszyklen bei Bartenwalen ziemlich genau (...). Wahrscheinlich hat die Ausbeutung der Futterkonzentration in hohen Breitengraden durch den Blau-, Finn- und Seiwal das Entstehen größerer Populationen zugelassen als bei Arten wie dem Brydewal *(Balaenoptera edeni)*, die sich in der Regel in Gegenden mit geringerem Nahrungsangebot aufhalten. Es darf jedoch nicht vergessen werden, daß selbst in den Tropen Gegenden mit intensiver Produktion (von Krill) existieren können, wo aufsteigende Strömungen Nährstoffe in die oberen Wasserschichten transportieren. Solche aufsteigende Strömungen kommen um Meeresinseln herum und entlang Küstenlinien vor, und so ist es kein Zufall, daß diese Gewässer oft recht große Populationen von Brydewalen ernähren, so zum Beispiel in der Nähe der Bonin-Kette, in den subtropischen Bereichen des Nordpazifiks und vor der Küste der Cape Province. Brydewale halten sich in der Regel in 20°–30°C warmem Wasser auf, obwohl einzelne Individuen auch in Gewässern mit unter 15°C vorkommen.

(...) Die Wanderungen der Blau-, Finn- und Seiwale streuen weit und bewegen sich manchmal ziemlich weit von den Küstengewässern entfernt. Glatt-, Buckel- und Grauwale andererseits wandern über weite Strecken in Küstengewässern oder bewegen sich zumeist entlang einer

Kontinentallinie. Es ist wichtig festzuhalten, daß nicht unbedingt alle Individuen einer Population an der Wanderung teilnehmen. Im Falle des nordamerikanischen Glattwals stammen Berichte, daß er im Golf von Maine und nördlich davon gesichtet wurde, fast immer aus den Sommer- und frühen Herbstmonaten und entsprechende Angaben in Florida aus dem tiefen Winter (Januar bis März). Zwischen diesen Extremen kann man Glattwale weitab vom mittleren Bereich der Ostküste der USA in fast jedem Monat des Jahres beobachten. Die saisonale Nord-Süd-Verlagerung der Population läßt sich also nur in durchschnittlichen Werten angeben. Nicht alle Grauwale wandern in den Sommermonaten bis hinauf zur Beringsee; junge oder erwachsene Tiere, die sich ansonsten nicht in einer bestimmten Saison fortpflanzen, können von der Küste Oregons bis hinauf nach Nord-British Columbia während der Sommermonate, insbesondere aber vor der Küste von Vancouver Island, wo sie für mehrere Monate Nahrung suchen, beobachtet werden. Auf ähnliche Weise bleiben einige der westlichen Nordatlantik-Buckelwale im Sommer in der Gegend der Bermuda-Inseln, auch wenn 85–90 % der Population sich im Winter über den Sandbänken aufhalten, die sich in einem weiten Bogen von Grand Turk (besonders die Silver-, Mouchoir- und Navidad-Bank) bis hinunter zu den südlichen Antillen erstrecken. Andere, zugegebenermaßen nicht in großer Zahl, können selbst im Winter vor der Küste von Massachusetts beobachtet werden. Ob nun ein großer Bartenwal dem „typischen" Wandermuster folgt oder nicht, kann von einer Reihe von Faktoren abhängen: der körperlichen Verfassung (Trächtigkeit, Fettreserven, Gesundheitszustand), vom Alter und der Rangordnung innerhalb der Gruppe und von den bestehenden Bedingungen im ozeanischen Milieu zum Zeitpunkt der Wandersaison.

Mögliche Faktoren, die die Wanderungen beeinflussen

Obwohl in den letzten Jahren viele Informationen über Verbreitung, Veränderungen in der Verbreitung und Wanderungen der Wale gesammelt wurden, weiß man bislang nur wenig über die Faktoren, die die Migrationen auslösen, noch über die Art, wie die Tiere navigieren oder sich orientieren, insbesondere wenn kein Land in Sicht ist.

W. H. Dawbin diskutierte mögliche Faktoren, die Buckelwale *(Megaptera novaeangliae)* stimulieren, die antarktischen Weidegründe zu verlassen und nach Norden zu wandern sowie Faktoren, die die Routen der Tiere festlegen. Der südliche Buckelwal ist, wenn er sich in den Tropen aufhält, auf die Bedingungen der Küstengewässer angewiesen, um sich zu ernähren. Seine bevorzugte Wassertemperatur im westlichen Südpazifik liegt um 25 °C, einem Wert, der ziemich genau mit dem übereinstimmt, den T. Nemoto für die Aufzucht der nordpazifischen Buckelwals um die Riukiu-Inseln angibt. In der südlichen Hemisphäre sind weibliche Tiere mit neugeborenen Kälbern die letzten, die die antarktischen Weidegründe erreichen, und die ersten, die sie gegen Ende der Saison wieder verlassen, um neue Weidegründe aufzusuchen. Andererseits sind es gerade die trächtigen Weibchen, die als erste ankommen und als letzte wieder abwandern, nachdem sie sich dabei den größtmöglichen Fettvorrat angefressen haben. Erst dann kehren sie in temperierte Zonen zurück, um zu kalben und zu säugen. Dawbin untersuchte die Schwankungen der Wasseroberflächentemperatur während der antarktischen Weidesaison. Die Temperaturunterschiede waren, wie sich herausstellte, jedoch viel zu gering, um davon ausgehen zu können, daß sie diese verschiedenartigen Wanderungsverhalten der weiblichen Tiere auslösen. Die Temperaturschwankungen sind weit weniger markant als die, denen die Tiere während irgendeiner Phase ihrer Wanderung ausgesetzt sind.

Daher vermutete Dawbin, daß die Veränderung der Tageslänge viel wahrscheinlicher als auslösender Faktor für die Wanderung der Wale in Frage kommt. Säugende Weibchen verlassen die Antarktis und beginnen nach Norden zu ziehen, wenn die Tageslänge bei einer Breite von 60° S auf etwa 8,5 Stunden sinkt. Trächtige Weibchen wandern erst bei etwa 6,5 Stunden Tageslänge los.

Die Migrationsgeschwindigkeit ist relativ gering. Buckelwale durchziehen in einem Monat etwa 15 Breitengrade, ohne daß es dabei größere Unterschiede zwischen Männchen und Weibchen oder zwischen Weibchen in verschiedenen Stadien der Tragzeit gibt.

Während ihrer Nord- oder Südwanderungen wurden die Buckelwale von Küstenlinien, die im Winkel zu ihrer Nord-Süd-Bewegung standen, abgelenkt (z. B. durch die Ost- und Westküste Neuseelands). Man beobachtete, daß die Wale ihren Kurs regional änderten, um dem trüben Wasser der Gezeiten auszuweichen; insgesamt gesehen konnte jedoch kein Zusammenhang zwischen den Wassermassen, den Strömungen oder der Struktur des Meeresgrunds und den Wanderungen festgestellt werden.
So zogen die Buckelwale zum Beispiel vor der Ostküste Neuseelands während des ersten Teils der Passage mit einer kalten Nordströmung an der Inselgruppe vorbei, schwammen aber während des zweiten Teils gegen einen südlichen Warmwasserstrom an.
Dabei überquerten sie zwei unterseeische Gebirgszüge und Canyons im rechten Winkel.

D. E. Gaskin:
„The Ecology of Whales and Dolphins"

Die Hauptunterscheidung, die zur Einteilung in die zwei Unterordnungen Barten- und Zahnwale führte, ist das Vorhandensein bzw. Nichtvorhandensein von Barten bzw. Zähnen. Bartenwale filtrieren ihre Nahrung – kleine Planktonorganismen – mit Hilfe ihrer Barten, einem aus hornigen Platten bestehenden Filterapparat. Auch der Blauwal – das größte lebende Tier auf der Erde – ernährt sich auf diese Art von kleinsten Organismen.

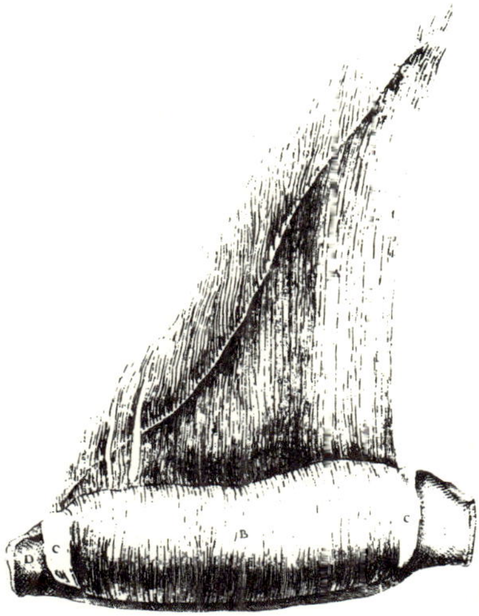

Die Barten, hornartige Lamellen, sitzen statt Zähnen im Oberkiefer des Bartenwals. An ihren ausgefransten Enden bleibt die Nahrung hängen. Barten wurden früher als Fischbein in Damenkorsetts verarbeitet.

Die Barten sind eine „Neuanschaffung" dieser Tiere, eine Spezialisierung auf den Fang kleiner Beute, die aber gleich tonnenweise eingefahren wird. Die Barten werden aus Horn gebildet, das im Oberkiefer aufgereiht ist und bei den Buckelwalen aus 270 bis 400 Platten besteht. (...)

Der Anatom Professor Dr. Wolfgang Maier vermutet, daß diese sehr biegsamen Hornplatten an den Enden ausfransen, weil die Blutgefäße zunächst zwar stark durchblutet sind, dann aber sehr bald absterben. Die Lamellen beginnen aufgrund schlechter Versorgung auszufransen, bis der ganze Gaumen ein mehr oder weniger fein gebürstetes Filtersieb bildet.

Um eine besonders große Oberfläche zum Filtern zu gewinnen, sind bei den Glattwalen die Köpfe mit über 30 Prozent der Körperlänge enorm groß. Die rund 350 Barten beim Grönlandwal sind bis zu 4,50 Meter lang. Darunter und dazwischen liegt die sehr dicke, fleischige Zunge. Die Unterlippe ist weit hochgezogen. Der Kopf ist wie zu einem Dreieck geformt. Dabei bildet der Scheitel gewissermaßen den einen Winkel, die Mundwinkel die beiden anderen. Die stark gewölbten Unterkiefer dienen als riesige Schöpfkelle. Ausgerüstet mit dieser großen „Fischreuse", schwimmen die Glattwale – sozusagen mit gefletschten Barten – durch die Fluten, um ihre Nahrung wie Rahm vom Wasser abzuschöpfen. Durch die dicke Zunge kann einerseits Sog entstehen, andererseits hilft sie, das überschüssige Wasser wieder herauszuquetschen. Eine durchaus vergleichbare Filtriertechnik hat übrigens auch ein Vogel entwickelt: der Flamingo.

Etwas abweichend von der Fangtechnik der Glattwale ist die der Furchenwale, die mit einem Verhältnis von höchstens 25 Prozent zur Körperlänge einen vergleichsweise kleineren Kopf und auch nicht so ausgeprägte und kürzere Barten besitzen. Ihre Kiefer sind weniger gewölbt und die Köpfe im Querschnitt nicht dreieckig, sondern quer-oval. Der Oberkiefer ist etwas breiter. Um dennoch stets einen kräftigen Schluck mit Nahrung nehmen zu können, ziehen sich bei diesen Bartenwalen, wie ihr Name sagt, Furchen vom Unterkiefer entlang der Kehle bis in die Bauchregion. Diese Furchen sind dehnbar wie eine Ziehharmonika. Wenn beispielsweise ein Finnwal speist, reißt er seine Kiefer auseinander und entfaltet die 50 bis 86 Kehlfurchen. Auf diese Weise entsteht gleichermaßen – und unter Sog – eine riesige Schöpfkelle, mit der diese Wale nach ihrer tonnenschweren Planktonsuppe schnappen, indem sie von der Seite oder von unten schnell darauf zuschwimmen. Das Wasser wird vornehmlich durch die sich wieder anlegenden Kehlfurchen abgedrückt, die Nahrung mit der Zunge in die Speiseröhre befördert. Daß sich die Furchen noch weit in die Bauchregion ausdehnen, hat bei diesen Schnellschwimmern vermutlich aquadynamische Gründe. (...)

Ein interessantes Verhalten konnte die Meeresbiologin Sylvia A. Earle bei ihrem „Leben mit den Buckelwalen“ beobachten, die sie in der Glacier Bay an der Westküste von Alaska besuchte und filmte. Während die Tiere tauchten, stiegen eigenartige Luftblasen an die Oberfläche. Diese Blasen, die ohne Zweifel ein Wal mit seiner Nase machte, bildeten Kreise von etwa drei Metern Durchmesser. Kaum hatte sich der Kreis geschlossen, tauchte plötzlich das weit geöffnete Maul eines Buckelwals darin auf. Wie ein riesiger Wasserschöpfer nahm das Tier einen Riesenschluck mit dem noch durch Kehlfurchen aufgeblähten Mundboden. Dabei drehte sich der gewaltige Körper langsam trudelnd wie eine Flasche im Ozean, wie von einem Propeller angetrieben durch das Rudern mit den superlangen, flügelartigen Brustflossen. Noch während sich der Wal zwischen seinen Luftblasen an die Oberfläche schraubte, schloß sich sein gigantisches Maul. An den Barten, die beim Rückenschwimmen den Meeresspiegel durchbrachen, floß liter-, ja tonnenweise das Wasser wieder ab. Was ist das für ein geheimnisvolles Spiel? Es ist kein Spiel, sondern eine raffinierte Fangtechnik. Der Buckelwal legt mit Hilfe dieser Luftblasen eine Art Stellnetz um seine Beute, die in den arktischen Gewässern aus kleinen Krebsen und Fischen besteht. Wie eine Schiffsschraube bewegen dabei die Brustflossen den Körper – und steuern ihn durch das Meer von Nahrung. Vor dem Schlucken wird das überschüssige Wasser an den Seiten durch die Barten abgequetscht. Und nur die „genießbaren“ Nahrungspartikel bleiben in den Fransen des enorm fassungsvermögenden Filterapparates hängen.

Petra Deimer:
„Das Buch der Wale“

Das Stellnetz des Buckelwals, ein spiralenförmiges Netz aus Luftblasen, in dem er seine Nahrung, das Plankton, zusammentreibt, um es dann in einem Riesenschluck abzuschöpfen.

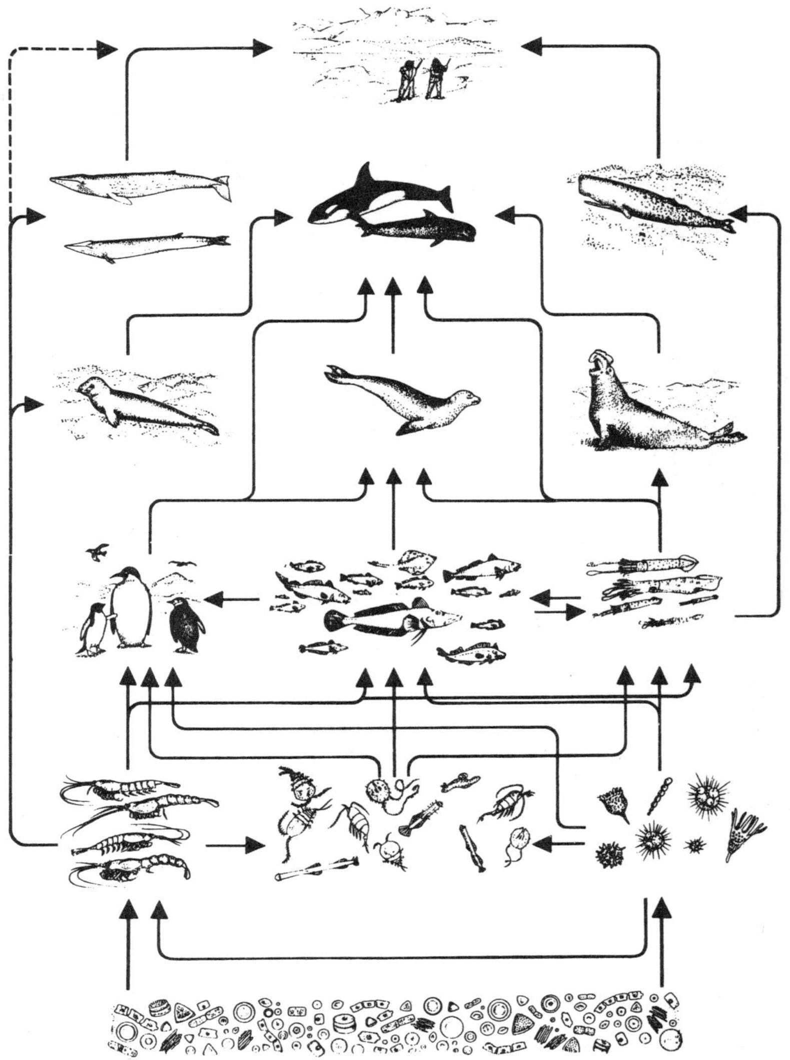

Die Nahrungskette ist kurzgeschlossen bei den Bartenwalen, die sich vom Krill ernähren; dieser lebt vom pflanzlichen Plankton (Phytoplankton). Wichtig für die Phytoplanktonproduktion sind Sonnenenergie und organische Partikel.

Woher aber kommen diese ungeheuren Mengen Nahrung (in erster Linie Krill) in den antarktischen Meeren? Sicherlich sind sie nicht einfach nur „da" bzw. im Überfluß vorhanden wie in einem Schlaraffenland. Vielmehr spielen eine große Zahl biotischer und abiotischer Faktoren eine Rolle.

Grob vereinfacht und schematisiert passiert am Äquator folgendes: Jahrein, jahraus blasen die Nordost- und Südostpassate. Sie sind der Antrieb für die äquatorialen Strömungen, die im Atlantik, Pazifik und Indik von Westen nach Osten fließen. Sobald sie auf die Ostküsten der Kontinente treffen, werden die Oberflächenströme auf der nördlichen Halbkugel nach Norden, auf der südlichen nach Süden abgelenkt. Je weiter sie nach Nord oder Süd gelangen, desto stärker werden sie von einer weiteren Kraft, der Coriolis-Kraft, erfaßt, die der Strömungsgeschwindigkeit und der geographischen Breite proportional ist, das heißt, sie ist am Äquator gleich Null.

Die Coriolis-Kraft lenkt die Oberflächenströme auf der nördlichen Halbkugel im Uhrzeigersinn ab, auf der südlichen entgegen dem Uhrzeigersinn, genau wie den Strudel in der Badewanne. Auf diese Weise gelangt Wasser aus wärmeren Regionen in kältere Regionen – und umgekehrt, zumal sich Wasser nicht irgendwo zu Bergen türmt, sondern in dem ewigen Spiel des Fließgleichgewichts in Bewegung bleibt. Es wird dabei unterstützt durch die Eigenschaft, daß Temperatur und Salzgehalt Einfluß nehmen auf seine Dichte. Sie sorgen beispielsweise dafür, daß abkühlende Massen sich in polaren Regionen in tiefere Schichten einordnen und zu Tiefen-, Boden- oder Zwischenströmungen werden, die wiederum ihren Weg rückwärts antreten.

In der südlichen Hemisphäre blasen die Westerlies aus Nordwesten und lenken Teile der Wassermassen aus Nordwesten in Richtung Süden. Diese münden als Westwinddrift in eine große zirkumpolare Bewegung, die die Antarktis umrundet. So herrscht in dieser Drift nicht nur ein dauernder Kreistransport, sondern zudem auch ein regelmäßiger Austausch, zunächst über das Oberflächenwasser, wie beispielsweise über den Falklandstrom an der Ostküste von Südamerika.

Wo immer sich Wassermassen mischen, weil sie zum Beispiel unterschiedliche Temperaturen oder Salzgehalte haben, entstehen Bewegungen im Wasserkörper. Das Wasser ordnet sich seiner jeweiligen Dichte entsprechend ein. Zirkulationen transportieren Tiefenwasser nach oben und Oberflächenwasser nach unten und sorgen so für eine Umschichtung. Im Rahmen solcher Umschichtungen werden beispielsweise Nährstoffe vom Boden in das Oberflächenwasser transportiert und dort von der Primärstufe in der Nahrungskette, dem pflanzlichen Plankton, zum Aufbau der „Primärproduktion" genutzt, von der wiederum die Sekundärproduzenten – das Zooplankton wie der Krill – profitieren. Im Sommer, wenn die Sonne rund um die Uhr das Licht spendet, das die Pflanzen für ihre „Arbeit", die Photosynthese, benötigen, werden diese Prozesse begünstigt.

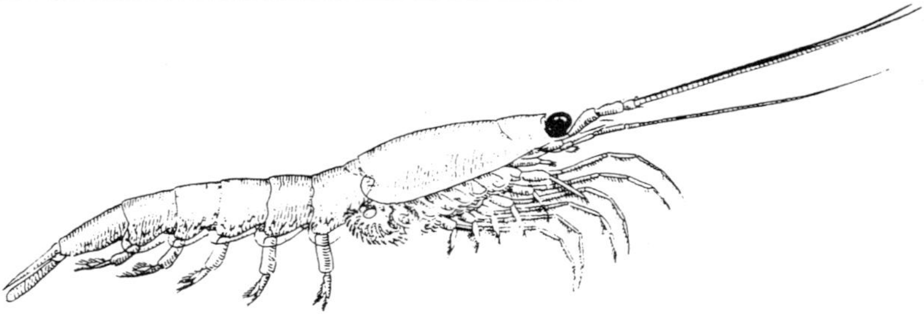

Der Krill, ein etwa daumengroßer Krebs, ist das „Brot für die Antarktis". Er lebt in großen Schwärmen und ist auch für die Fischerei interessant.

Bei dieser Photosynthese, wie der wichtigste biochemische Vorgang der Erde genannt wird, werden von Pflanzen Kohlenhydrate aufgebaut, wobei Kohlendioxid verarbeitet und Sauerstoff freigesetzt wird. Den „Bärenanteil" daran haben in antarktischen Gewässern Kieselalgen (Diatomeen), auf deren „Kosten" sich der Krill schnell vermehren kann.

Aber das Wasser wird nicht nur mit reichlich Nahrung aufgetankt, sondern auch mit Sauerstoff, zumal die O_2-Kapazität bei niedrigen Temperaturen steigt. Nahrungs- und Sauerstoffreichtum kommen nicht allein den Bewohnern dieser Region zugute, sondern mit dem unter der Abkühlung durch die Luft sinkenden Oberflächenwasser werden auch andere Bezirke versorgt. So dringt beispielsweise von der Antarktis sauerstoffreiches und nährstoffangereichertes Wasser als Boden- oder Tiefenströmung wieder zurück in Richtung Äquator und versorgt die sonst armen Gebiete, beispielsweise in tieferen Zonen.

Nicht zuletzt diese Zirkulation, die mindestens die halbe Erdkugel erreicht, verdeutlicht, wie wichtig eine „heile Welt" in der Antarktis ist. Und es ist eine „Milchmädchenrechnung" zu glauben, daß bei Rückgang von x Prozent Walen eine Summe x an Krill durch Fang genutzt werden kann, wie leider immer wieder auch von Amts wegen kurzsichtig gedacht und kalkuliert wird. Ein solches Kalkül ist lebensgefährlich, wenn dabei über das Ziel hinausgeschossen wird.

Ein Ökosystem setzt sich aus unzähligen Mosaiksteinchen zusammen. Wenn eines fehlt, kann es nicht durch Hinwegnahme eines anderen ausgeglichen werden. Das ökologische Gleichgewicht funktioniert nicht wie die Waage im Krämerladen! Diese Waage hat mehr Feineinstellungen, als sich der Mensch träumen läßt. Und wieviel Gewicht der Krill oder die Wale auf diese Waage bringen, weiß niemand.

Petra Deimer:
„Das Buch der Wale"

Lebensraum Meer

Der Schritt vom landlebenden Tier zum hochspezialisierten Meeresbewohner erfordert eine Vielzahl von „Umkonstruktionen" und Anpassungen an den neuen Lebensraum. Den Walen gelang dies in Vollendung – kein anderer Meeressäuger ist in so vollkommener Weise dem Leben im Wasser angepaßt.

Luftatmende, warmblütige Säugetiere müssen eine Reihe Sonderanpassungen erwerben, wenn sie das Meer als ihren Lebensraum wählen.

Im Wasser fallen schnelle Bewegungen viel schwerer, denn Wasser ist dichter und viskoser als Luft. So kann ein Läufer an Land sich schneller fortbewegen als ein Schwimmer im Wasser.

Der Wärmeverlust im Medium Wasser ist höher als an der Luft, die Schalleitung erfolgt schneller, und auch die optischen Eigenschaften sind deutlich anders als die der Luft. All dies stellt besondere Anforderungen, auf die sich Meeressäuger einstellen müssen.

Der Lebensraum Meer bietet jedoch auch Vorteile. So hebt zum Beispiel der Auftrieb des Wassers die Erdanziehungskraft teilweise auf, und dies erst schaffte die Voraussetzung, daß sich die größten Säugetiere der Welt im Wasser und nicht an Land entwickeln konnten.

Springender Buckelwal

Das Meer bietet zudem ein reichhaltiges Nahrungsangebot, das auch eine Reihe von nicht im Wasser lebenden Tieren nutzen, wie zum Beispiel Seevögel, manche Raubtiere und nicht zuletzt der Mensch. So ist es nicht verwunderlich, daß all das die Eroberung des Wassers als Lebensraum attraktiv erscheinen läßt.

Viele landgebundene Säugetiere sind in der Lage, sich zeitweise den Lebensraum Wasser zu erschließen, ohne daß hierzu Umkonstruktionen des Körperbaus und ihrer Organe notwendig sind. Als Beispiel mögen hier der Lachs fischende Grizzly oder der arktische Eisbär genügen.

Tiefgreifende Veränderungen der Körperfunktionen und -formen sind erst dann notwendig, wenn landlebende Tiere ganz zu einem Leben im Wasser übergehen. Die Seekühe (Sirenia) und die Wale (Cetacea) gehören zu den Säugern, die sich im Laufe ihrer Entwicklungsgeschichte nahezu perfekt an ein Leben im Wasser mit allen damit verbundenen Konsequenzen angepaßt haben.

Wie die torpedoartige Fischgestalt der Wale sind auch viele andere Besonderheiten ihres äußeren und inneren Baues als Anpassung an das Leben, die Fortbewegung und die Ernährung im Wasser zu verstehen. Ihre Haut ist glatt und haarlos; nur im Bereich der Kiefer stehen einzelne Haare oder Haarreste, die vielleicht als Tastorgane dienen. Vorder- und Hintergliedmaßen werden beim jungen Keimling [Embryo] als normale Säugetierbeine angelegt. Die Vorderbeine entwickeln sich aber stets zu platten, mehr oder weniger langen Flossen weiter, während die beim zwanzig Millimeter langen Walkeimling äußerlich noch gut sichtbaren Anlagen der Hintergliedmaßen schon bei dreißig Millimeter langen Keimlingen wieder völlig verschwunden sind. Die Nasenöffnung, die man bei den Walen „Spritzloch“ nennt, liegt bei sehr jungen, erst vier bis fünf Millimeter langen Keimlingen noch an der Schnauzenspitze wie bei anderen Säugern. Schon bei Keimlingen von 22 Millimeter Länge ist aber das Spritzloch ebenso weit nach hinten auf die Oberseite des Kopfes verschoben wie beim erwachsenen Wal. Diese Lage der Atemöffnung hängt vermutlich mit der Gewichtsverteilung im Körper zusammen, die bei Walen anders ist als bei Landsäugetieren. Nur beim Pottwal liegt die Nasenöffnung weit vorn.

Beim gewöhnlichen Schwimmen der Wale spielen die Brustflossen keine oder nur eine sehr untergeordnete Rolle; die Antriebskraft für die Fortbewegung wird ausschließlich vom Schwanz erzeugt. Man konnte die Ruderbewegungen bei einigen Arten in den großen Seeaquarien Amerikas mit Hilfe von Filmaufnahmen genauer untersuchen und stellte dabei fest, daß der Schwanz genau senkrecht auf und ab bewegt wird. Den eigentlichen Vortrieb erzeugt fast ausschließlich die breit ausladende Schwanzflosse, deren Seitenteile nicht von Knochen gestützt sind. Der längere Vorderabschnitt des Schwanzes liefert die dafür nötige Muskelkraft; er ist hochoval, seitlich zusammengedrückt und durchschneidet beim Auf- und Abschlagen das Wasser, ohne größeren Widerstand zu finden.

Die Geschwindigkeiten, welche schwimmende Wale erreichen, sind

Anpassung an den Lebensraum Wasser durch konvergente Körperformen.

Hai

Ichthyosaurier

Delphin

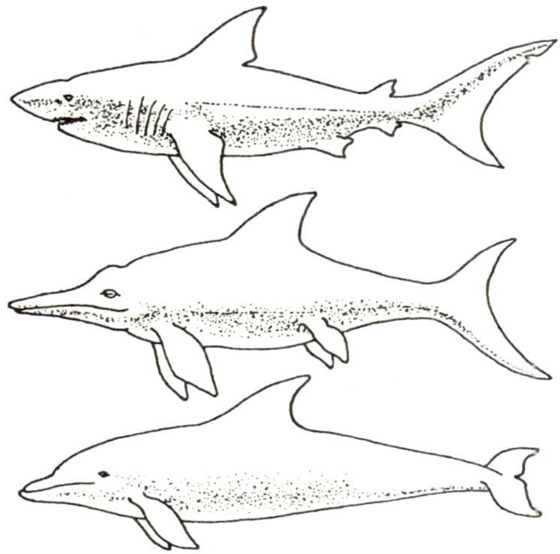

zumindest bei den Bartenwalen und den Delphinen erstaunlich. Die langsamen Glattwale und Grauwale erreichen Spitzengeschwindigkeiten von etwa 11 km/h, der Buckelwal bis 18 km/h; die Dauergeschwindigkeit der Glatt-, Grau- und Buckelwale beträgt etwa 3,5 bis 5,5 km/h. Pottwale können über längere Strecken 18 km/h schwimmen, für kurze Zeit erreichen sie 37 km/h. Die großen Furchenwale aber bringen es sogar auf 22 bis 26 km/h als Dauerleistung und auf 50 km/h als Höchstgeschwindigkeit. Ähnliche Leistungen vollbringen aber auch die viel kleineren Tümmler und Delphine, bei denen man Dauergeschwindigkeiten von 22 bis 26 km/h gemessen hat. Sie können also ebenso wie die riesigen Furchenwale mit unseren modernen großen Fahrgastschiffen Schritt halten. Das ist vor allem deshalb erstaunlich, weil ganz allgemein bei gleicher Bauart größere Tiere (und auch größere Fahrzeuge) schneller sind als kleinere. Eine solche Leistung der kleinen Delphine und Tümmler ist nur zu verstehen, wenn man annimmt, daß sich beim Durcheilen des Wassers an der Oberfläche der schnell schwimmenden Delphine keine Wirbel (Turbulenzen) bilden, sondern daß die vom Körper in verschiedener Geschwindigkeit mitgerissenen Wasserschichten glatt aneinander entlanggleiten („laminare Strömungen"). Neuere Untersuchungen von M.O. Kramer zeigen, daß den Delphinen vor allem die federnde Oberfläche ihrer Haut die Fähigkeit verleiht, ohne Erzeugung von Wasserwirbeln schnell zu schwimmen.

E.J. Slijper / D. Heinemann
in: *„Grzimeks Enzyklopädie"*

Das Auge

Während des dunklen arktischen Winters und beim Tauchen in größere Tiefe spielt die optische Wahrnehmung für den Weißwal *(Delphinapterus)* sicher keine große Rolle; auch ist die Öffnung des bläulichschwarzen Auges mit kaum mehr als etwa 35x20 mm für ein so großes Tier nur recht gering. Immerhin ist für diese Art typisch, daß die Tiere sehr oft „neugierig" über Wasser Ausschau halten und hierbei z. B. – jedenfalls nach Gefangenschaftsbeobachtungen im Zoo Duisburg – bestimmte Personen vor einer größeren Zuschauermenge zu erkennen vermögen. Das ist insofern bemerkenswert, als das Walauge eigentlich nur für die Brechungsverhältnisse des Wassers „berechnet", an der Luft jedoch kurzsichtig ist, wie Slijpers (1958) Darstellung anschaulich zeigt. Nach Pütter enthält die Beluganetzhaut (Retina) je mm^2 etwa 150000 Stäbchen, die die Hell-Dunkel-Unterscheidung ermöglichen und in ihrer Anzahl den Verhältnissen bei anderen Zahnwalen *(Hyperoodon)*, aber auch beim Seehund *(Phoca spec.)* entsprechen.

Obwohl das Herausstrecken des Kopfes und das Über-das-Wasser-Schauen zum Verhaltensinventar küsten- oder flachwasserbewohnender Zahnwale im allgemeinen und des Belugawals im besonderen gehört, scheinen die Augen hierauf nicht nur optisch, sondern auch allgemeinphysiologisch nur wenig eingerichtet zu sein. Wenn die Augen nur eine gewisse, erstaunlich kurze Zeit nicht mehr vom Wasser benetzt werden, treten alsbald starker Schleimfluß

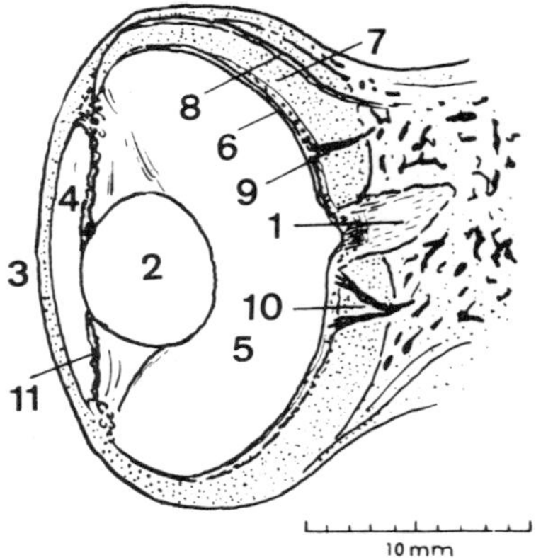

Querschnitt des Auges von Delphinapterus, stark vergrößert. 1 Sehnerv (Nervus opticus), 2 Linse, 3 Hornhaut (Cornea), 4 Vordere Augenkammer, 5 Glaskörper, 6 Netzhaut (Retina), 7, 8, 9, 10 Arterien, 11 Regenbogenhaut (Iris)

sowie blutigrote Bindehautentzündungen in Erscheinung, die dann oft starähnliche Hornhauttrübungen im Gefolge haben. Als die beiden Weißwale beim Fang für den Duisburger Zoo nur einige Minuten mit unverhüllten Augen an der Luft lagen, „schwollen die Augen zu, sonderten Mengen einer gallertartigen Flüssigkeit ab und sahen in Kürze entzündetblutunterlaufen aus" (Gewalt 1970). Die daraus resultierenden Hornhauttrübungen („clouded eye") scheinen nach Ray (in Norris 1966) auch bei Belugas der freien Wildbahn sehr häufig zu sein.

Wolfang Gewalt:
„Der Weißwal"

Es grenzt fast an ein Wunder, daß der Pottwal, ein Kosmopolit wie auch die anderen Wale, in kalten wie in warmen Gewässern zu Hause ist. Ihn, den Warmblüter, schützt nicht ein warmes Kuschelfell wie beispielsweise den Meerotter, der unter den längeren Haaren eine Art wasserdichtes Unterhemd wie aus Flaum trägt, das nur naß wird, lebensgefährlich naß, wenn die See beispielsweise durch Öl verschmutzt ist.

Wale haben im Laufe der Entwicklung ganz auf ein für Säuger typisches Haarkleid zur Temperaturisolierung verzichtet. Bis auf ein paar kümmerliche Haare, die manche Bartenwale noch am Kopf tragen und die ihre Funktion als Spürsinnesorgane erfüllen, sind den Walen die Haare gänzlich ausgegangen. Anders als die Robben, die ihren Pelz für die Landausflüge benötigen, können sie sich eine solche „Glatze“ leisten, denn als Ersatz fressen sie sich eine gehörige Speckschicht an, die warm hält, pudelwarm. Diese Speckschicht, welche an den verschiedenen Körperstellen von unterschiedlicher Dicke ist, erreicht bei den Glattwalen etwa 50, beim Pottwal rund 16, bei den schnellen Furchenwalen durchschnittlich zehn Zentimeter. Mit diesem Fettpolster, das Wärme schlecht leitet, können sich die Tiere getrost inmitten von Eisbergen schlafen legen, ohne sich zu verkühlen. Außerdem dient dieser „Blubber“ als Fettdepot für schlechte Zeiten, wenn das Nahrungsangebot in den wärmeren Fortpflanzungsgebieten knapp wird und die Fastenzeit bevorsteht, in der die Tiere ein paar Tönnchen abnehmen. Offenbar haben nur die alten Pottwalbullen keine „Probleme“ mit ihrem Gewicht, zumal ihr Tisch überall in der Tiefsee, wo sie hinziehen, mit Kraken weitgehend gleichmäßig reich gedeckt sein dürfte. In der Tiefsee herrschen zwischen Nord und Süd gleiche Bedingungen, zumindest in bezug auf die Temperaturverhältnisse, die sich um den Nullpunkt bewegen. Anders als bei Süßwasser liegt der Gefrierpunkt im Meer wegen des höheren Salzgehaltes bei durchschnittlich 1,9 Grad minus. Meerwasser mit einem Salzgehalt von 35 Promille friert bei 1,91 Grad minus.

Die „Opas“ unter den Pottwalen würden wohl kaum eine Reise in Richtung Madeira oder Azoren antreten, gäbe es nicht auch dort ihr Leibgericht. Sie fristen ihren Lebensabend offenbar nur noch als „Freßmaschinen“, die keinen Familiensinn mehr kennen, es sei denn, die Einzelgänger folgen aus alter Tradition und Gewohnheit als „ewige Strohwitwer“ den Wanderwegen der Schulen. An Unterernährung scheinen diese 40-Tonner – wie auch kleinere Pottwale – nur zu leiden, wenn sie Ambra in ihrem Darm tragen. (...)

Nun müssen Wale trotz der angefressenen wärmenden Speckschicht und selbst umgeben von Eiswasser in der Lage sein, Wärme abzugeben, um nicht beim Schnellschwimmen wie auf der Flucht vor Walfängern oder Orcas an Hitzestau einzugehen. Da sie weder hecheln können wie Hunde noch schwitzen wie Menschen, mußten sie eine Lösung finden, um überschüssige Wärme loszuwerden. Auch der Muskel kann als Kraftmaschine nur einen begrenzten Teil an Energie in mechanische Arbeit umwandeln, der Rest verbleibt als Wärme oder muß nach außen abgeführt werden. Dabei liegt die Bilanz bei 15 zu 85 Prozent; letztere entstehen als Wärme. Und zwar produzieren die großen Wale, angenommen, daß die Leistung proportional mit dem Gewicht ansteigt, mehr als die kleinen. „Man kann erwarten", so der Autor Hasso Moesta, „daß ein Finnwal zwischen 30 und 40 PS benötigt, um eine Geschwindigkeit von rund 20 Stundenkilometern aufrechtzuerhalten, während ein Pottwalbulle dazu 20 PS braucht und schließlich das größte der schwimmenden Raubtiere, der Schwertwal, nur fünf PS. Alle einigermaßen verbürgten Beobachtungen des Schwimmverhaltens der Wale und Delphine kann man dahingehend zusammenfassen, daß kein größeres Tier schneller als der Schwertwal und kein schnelleres Tier größer als der Schwertwal ist." Er kommt zu dem Schluß, daß die großen Wale die volle Leistung ihrer Muskeln nicht als Dauerleistung einsetzen können, sondern nur bei kurzzeitigen Spitzenleistungen, beim Sprinten, Springen, Tauchen oder bei der Paarung. Sind sie lange Zeit auf vollen Touren, müßten sie früher oder später heißlaufen.

Um sich der überschüssigen Wärme zu entledigen oder aber um sich beim Ruhen warm zu halten, haben alle Wale eine eingebaute „Klimaanlage", die nach dem Prinzip eines Gegenstrom-Wärmeaustauschers funktioniert. Danach verschafft sich ein Wal „in action" Kühlung, indem er eine Art Rückflußkühler im Blutgefäßsystem einschaltet. Um ein großes, hitzegeladenes Gefäß, das Wärmeenergie aufnimmt, fließt in einem Netz von kleineren Gefäßen abgekühltes Blut, welches für Temperaturausgleich sorgt. Die Wärme, die dabei der Rückflußkühler aufnimmt, wird über die Schwanzflosse und vielleicht auch noch über andere Körperstellen

Wale können nicht schwitzen. Die überschüssige Körperwärme geben sie nach dem Prinzip eines Rückflußkühlers über ihr Blutgefäßsystem, zum Beispiel an der Oberfläche der Schwanzflosse, ab.

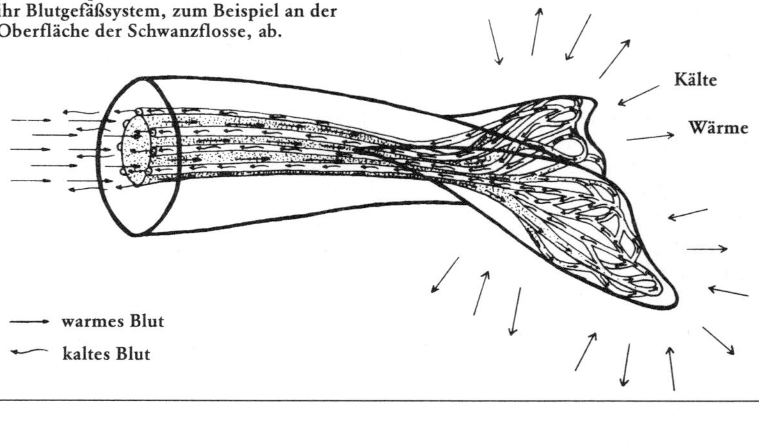

an das umgebende Wasser abgeleitet. Bei den schnell schwimmenden Furchenwalen übernimmt vermutlich auch der faltbare Furchenapparat als eine Art „Rippenkühler“ einen Teil der Thermodynamik. Regulieren läßt sich der Wärmehaushalt wie auch die Sauerstoffversorgung über das kompliziert geschaltete Gefäßsystem mit umschaltbaren „Einbahnstraßen“ und „Umleitungen“ wie ein Verkehrsnetz. Wenn der Wal friert, wird die Kühlanlage vorübergehend abgeschaltet.

Petra Deimer:
„Das Buch der Wale“

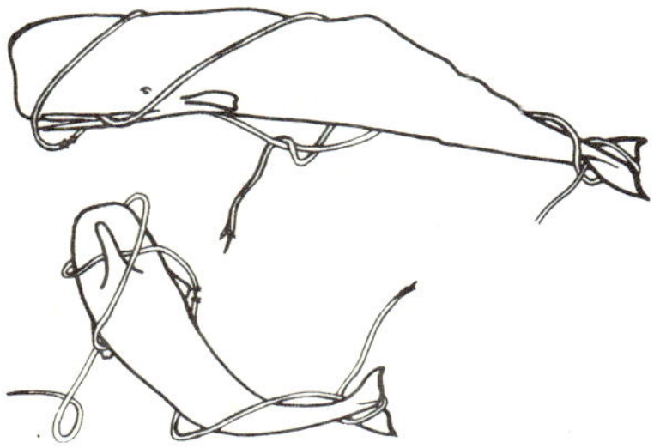

Tiefseekabel, die für Wale zur tödlichen Falle werden können, verraten, in welche Tiefe die Tiere vordringen.

Das Tauchen

Wale kommen in allen Ozeanen der Welt vor, und vier der kleineren Arten leben ausschließlich in ausgedehnten Flußsystemen. Trotz der hervorragenden Anpassung an das Leben im Wasser und seinen Nahrungsreichtum bleiben sie als luftatmende Säugetiere doch an die Oberfläche gebunden. Der hohe Bedarf an Nahrung und die damit verbundene Notwendigkeit, diese unter Wasser zu suchen, führt dazu, daß die Wale die besten Taucher unter den Säugern hervorgebracht haben.

Wir wissen, daß einige Delphine und kleinzahnige Wale wie die Belugas und Pilotwale fähig sind, bis in große Tiefen zu tauchen. Und die Tatsache, daß sich einige Pottwale in Tiefseekabeln verfingen, läßt nur noch wenige Forscher daran zweifeln, daß diese Walart in mehr als 1000 m Tiefe vordringt.

Neuerdings hat man zwei Methoden entwickelt, die Tauchtiefe kleiner Wale zu ermitteln. Die erste besteht darin, gefangene Tiere so zu trainieren, daß sie bis zu einer Schaltvorrichtung im offenen Ozean abtauchen. Die zweite beinhaltet die Ausrüstung freilebender Delphine mit Sendern und Geräten, welche die Tauchtiefe aufzeichnen.

Bei der ersten Methode wird der Delphin dahingehend trainiert, daß er auf ein akustisches Signal hin zu dem Schalter am Ende eines langen Unterseekabels taucht. Der Schalter, ein Hydrophon, ein Druckmesser und ein Schwimmer befinden sich in einer Druckkapsel, die das akustische Signal aussendet und auf die der Delphin drücken kann, um ein Signal auszulösen, das dann von Wissenschaftlern ausgewertet werden kann. (...)

Mit einem unter Umständen über Jahre hinweg trainierten Tier kann ein großes Maß an Daten gesammelt werden, und es ist sichergestellt, daß etwa die maximale Tauchtiefe erreicht wird.

Bei der zweiten Methode wird ein freilebendes Tier gefangen, mit einem Sender ausgerüstet und wieder freigelassen. Der Sender übermittelt die Tauchtiefe, jedoch immer nur, wenn der Delphin zum Atmen auftaucht. Die Daten werden von der Forschergruppe an Bord des Empfängerschiffes gesammelt. Der Sender an einem korrosiven Gurt, der sich im Meerwasser auflöst, wird dem Delphin umgeschnallt. Nach einer gewissen Zeit fällt der Sender ab, und er kann geborgen und anschließend wiederverwendet werden.

Mit Hilfe dieser Methode zeigte Evans, daß Delphine regelmäßige Tauchgänge zu Fischschwärmen und marinen Lebewesen unternahmen (...). Die maximale Tauchtiefe betrug hierbei 260 m, während die durchschnittliche Tiefe bei langen Tauchgängen 63 m betrug. (...)

Probleme des Tauchens

Wir wissen, daß Delphine beträchtliche Tiefen erreichen können. Für einen luftatmenden Säuger beinhaltet das Tauchen potentielle Gefahren, und es stellen sich uns in diesem Zusammenhang verschiedene Fragen. Wie werden Delphine mit dem hohen hydrostatischen Druck fertig? Wie umgehen sie die Caissonkrankheit oder Taucherkrankheit (Bends), wenn sie schnell tief tauchen?

S. H. Ridgway und R. Harrison
in: *„Research on Dolphins"*

Wenn ein Mensch Taucherausrüstung benutzt (...), um größere Tiefen zu erreichen, als es allein durch Luftanhalten möglich wäre, oder um für längere Zeit unter Wasser zu bleiben, benutzt er komprimierte Luft. Das ist notwendig, da der Luftdruck in seinen Lungen gleich hoch oder etwas höher sein muß als der Wasserdruck um ihn herum. Wäre der Luftdruck geringer, würde der Brustkorb durch den Wasserdruck zerquetscht. Außerdem muß der innere Druck größer sein als der äußere, um das Ausatmen zu ermöglichen und daß die verbrauchte Luft durch das Atemventil in dem bekannten Strom von Luftblasen entweichen kann. Der Wasserdruck wächst um 1 bar pro 10 m, das heißt, daß bei 30 m Tiefe ein Druck von 4 Atmosphären, etwa 30 kg/cm^2 lastet.

Ein Taucher hat keine Schwierigkeiten damit, komprimierte Luft einzuatmen oder mit dem zunehmenden Druck fertigzuwerden, wenn er abtaucht, aber wenn er beginnt, aus größerer Tiefe wieder aufzusteigen, stellen sich ihm Probleme. Solange er dem Druck unterliegt, löst sich der Stickstoff (N_2) der Atemluft in den Körperflüssigkeiten und -geweben entsprechend dem jeweiligen Druck (...). Wenn er also auftaucht und der Druck nachläßt, verwandelt sich der gelöste Stickstoff wieder in Gas. Es entstehen Bläschen, ganz ähnlich wie beim Mineralwasser, wenn der Druck durch das Öffnen der Flasche von der Flüssigkeit genommen wird.

(...) Diese Stickstoffbläschen können in jedem Teil des Körpers auftreten – in den Blutgefäßen, wo sie Embolien hervorrufen, in den Gelenken, wo sie sich als Schmerzen (Bends) bemerkbar machen, im Nervensystem, wo sie Lähmungserscheinungen hervorrufen. In jedem Fall sind die Symptome schmerzhaft, und die Aus-

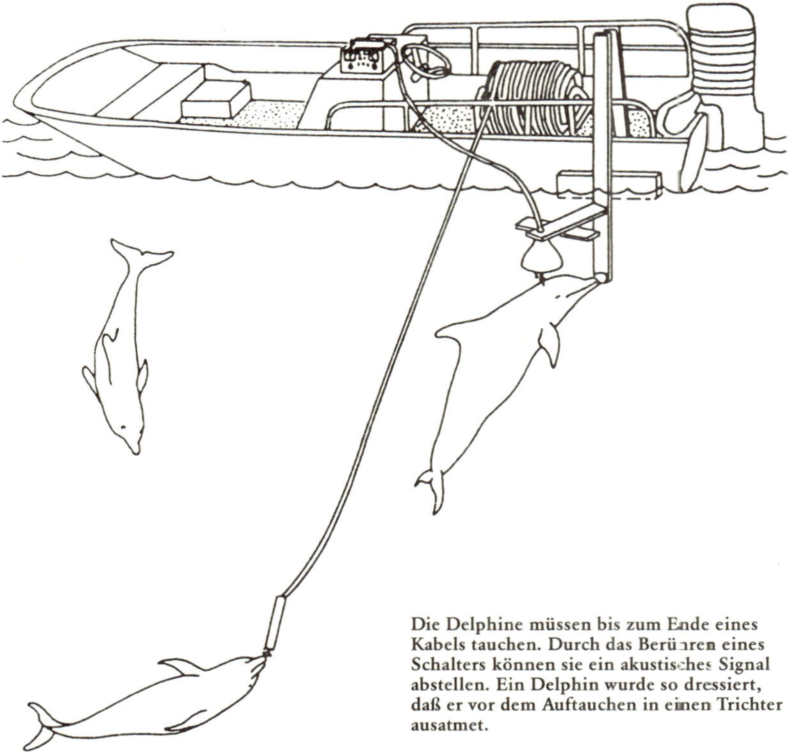

Die Delphine müssen bis zum Ende eines Kabels tauchen. Durch das Berühren eines Schalters können sie ein akustisches Signal abstellen. Ein Delphin wurde so dressiert, daß er vor dem Auftauchen in einen Trichter ausatmet.

wirkungen können tödlich sein. Um die Caissonkrankheit zu vermeiden, muß der Taucher sehr langsam aufsteigen, damit der überschüssige Stickstoff in den Atem abgegeben werden kann, ohne Bläschen in den Geweben zu bilden. Ansonsten kann der Kranke in einer Druckkammer langsam vom Überdruck wieder auf Normaldruck gebracht werden. (...)

Der Körper eines Wals oder der eines jeden anderen Säugetiers ist nicht komprimierbar, denn er besteht im wesentlichen aus Wasser als Hauptbestandteil aller Gewebe. Und Wasser ist nicht komprimierbar. Wenn der Wal taucht, wird deshalb der äußere Druck gleichmäßig auf alle Teile des Körpers verteilt, weshalb keine Deformierungen entstehen. Das einzige, was im Körper komprimiert werden kann, sind die ungelösten Gase, im wesentlichen die Luft in der Lunge. Wenn diese Luft durch den äußeren

Druck des Wassers beim Tauchen komprimiert wird, verliert sie an Volumen – und mit ihr die Lungen, die diese Luft enthalten. Bei den Walen ist der Brustkorb vergleichsweise flexibel, und das Diaphragma (oder Zwerchfell) liegt relativ schräg und weniger diagonal im Körper als bei den Landsäugern. So läßt der Druck der Eingeweide im Unterleib, die einseitig auf das Zwerchfell drükken, die Lungen auf der anderen Seite des Zwerchfells kollabieren und drückt die in ihnen befindliche Luft in die Luftröhre, ihre Verästelungen und die äußeren Nasenteile. Das heißt, daß die Lungenbläschen entleert werden (...), so daß der Austausch der Gase zwischen Blut und Luft reduziert wird – und mit ihm das Eindringen des Stickstoffs in Kreislauf und Gewebe.

Je tiefer der Wal taucht, desto mehr fallen die Lungen zusammen und desto mehr nimmt der Stickstoffgehalt ab. Bei einem Druck von 11 Atmosphären, etwa 80 kg/cm^2, in einer Tiefe von 100 m sind die Lungen vollständig kollabiert und enthalten keine Luft mehr, da sie komplett in die härteren Teile des Atemtrakts gedrückt wurde, wo kein Gasaustausch mehr stattfinden kann wie in den Lungenbläschen. Wenn der Wal die Tiefe erreicht hat, in der es keinen Stickstoffaustausch mehr gibt, kann er ohne jegliches Risiko auch noch weiter abtauchen. Im Unterschied dazu kollabieren die Lungen eines menschlichen Tauchers nicht, da sie ja unter einem leicht höheren Druck als dem des umgebenden Wassers mit Luft gefüllt sind. Deshalb bricht der Gasaustausch beim Menschen bei zunehmender Tauchtiefe nicht ab. Wenn ein Wal an die Wasseroberfläche zurückkehrt, dehnen sich die Lungen wieder aus, so daß, wenn der Wal bläst und seine Lungen mit Frischluft füllt, die Lungenbläschen ihre ursprüngliche Form zurückgewinnen, wodurch ein hoher Grad an Gasaustausch erreicht wird.

(...) Das Füllen der Lungen mit Luft ist beim Wal trotz der Geschwindigkeit des Einatmens zwischen den Tauchgängen äußerst effizient. Die großen Wale im besonderen holen, wenn sie nach einem langen Tauchgang an die Oberfläche zurückkehren, mehrere Male hintereinander Luft, ehe sie wieder abtauchen.
Ein Furchen- oder Finnwal beginnt gewöhnlich mit dem Ausatmen in dem Moment, in dem sein Blasloch die Wasseroberfläche durchbricht, häufig sogar unmittelbar vorher, und atmet dann sehr schnell ein. Die weit geöffneten Blaslöcher erscheinen in diesem Moment überraschend groß. Die länglichen Schlitze, die sie im geschlossenen Zustand bilden, vergrößern sich zu großen Röhren und werden an der Kopfhaut aufgewölbt, so daß eine Art Bugwelle das Wasser am Eindringen in das Blasloch hindert. Der Blas ist eine Wolke aus Wasserdampf, die durch Kondensation der Feuchtigkeit in dem warmen Atem entsteht, wenn er in Kontakt mit der kälteren Luft kommt. Dieses ist besonders in kalten Breitengraden deutlich sichtbar, und auch wenn es verwundern mag, so ist doch der Blas in den Tropen in gleicher Weise sichtbar. Die ausgeatmete Luft ist so sehr mit Feuchtigkeit angereichert, daß es auch dann eine gewisse Kondensation

gibt, wenn sie in wärmere Umgebungsluft abgegeben wird. Den gleichen Prozeß kennt man von Dampfmaschinen, deren Dampf ebenfalls, auch in heißestem Klima, zu sehen ist. Noch etwas anderes reduziert vermutlich die Temperatur der ausgeatmeten Luft: Wenn sich ein Gas unter reduziertem Druck ausdehnt, wird seine Temperatur verringert. Man nennt das Verdunstungskälte. Diese tritt in verstärktem Maße ein, wenn ein Gas, das unter Druck steht, durch eine schmale Röhre freigesetzt wird. Ähnliches geschieht, wenn ein Wal bläst: Der Atem wird mit einiger Kraft durch die Nasenlöcher ausgeatmet – dies ist notwendig, wenn man bedenkt, wie wenig Zeit für das Ein- und Ausatmen zur Verfügung steht –, und allein das bewirkt beträchtliche Verdunstungskälte und die daraus folgende Kondensierung.

L. Harrison Matthews:
„The Natural History of the Whale"

Auswirkungen des Drucks

Obwohl eine Reihe von Wissenschaftlern behauptet hat, daß die Wale ausatmen, ehe sie abtauchen, und ihre Lungen fast leer oder zumindest nur teilweise mit Luft gefüllt sind, hat die genaue Beobachtung trainierter Delphine kurz vor ihrem Abtauchen ergeben, daß diese Behauptungen unbegründet sind. Norris u. a. haben es folgendermaßen beschrieben: „Nach dem Startkommando atmete ‚Pono' ein- bis zweimal kurz ein. Der Atemzug kurz vor dem Abtauchen war charakteristisch schnell und unterbrach oft den normalen Atmungsrhythmus. Dann tauchte sie mit gefüllten Lungen ..." (...)

Volle Lungen setzen dem Wasserdruck nur wenig Widerstand entgegen, denn entsprechend dem Boyleschen Gesetz verhält sich das Volumen einer gegebenen Gasmenge umgekehrt proportional zu dem darauf lastenden Druck. (...)

Ein menschlicher Taucher hat nur begrenzte Möglichkeiten, seinen Brustkasten zu dehnen bzw. zusammenzuziehen. Selbst geübte Taucher, die fähig sind, die Luft lange anzuhalten, erfahren in 30–40 m Tiefe ein beklemmendes Gefühl und riskieren gefährliche Verletzungen oder gar den Tod, wenn sie noch tiefer tauchen. (...) Morphologische Strukturveränderungen haben den Delphin immun für diese „Beklemmungen" gemacht. Viele Rippen des Delphins sind nicht mit der Wirbelsäule verbunden, die meisten der anderen Rippen nur durch lange Knorpel. Der Brustkorb (Thorax) ist also flexibel, und aufgrund dieser Flexibilität bieten Lunge und Brust dem Wasserdruck keinen Widerstand. (...)

Das gleiche Problem des Druckausgleichs stellt sich für die Hohlräume z. B. in den Ohren. Jeder kennt die Schmerzen, die auf den Ohren lasten, wenn man nur wenige Meter tief taucht und den Wasserdruck nicht durch die Eustachische Röhre ausgleicht. Da Wale wesentlich tiefer tauchen, müssen sie ein System entwickelt haben, den Druck wirksam auszugleichen.

Delphine zeigen einige strukturelle Veränderungen, die ihnen helfen mögen, mit dem Problem des Druckausgleichs in den Ohren (...) umzugehen. (...) Das Mittelohr des Delphins liegt in einem gut entwickelten System von Geweben und Blutgefäßen, die sich wahrscheinlich so weit ausdehnen können, daß sie den Raum je nach Druckveränderung füllen und so ein Kollabieren verhindern.

Ridgway hat vier spezielle Charakteristika zusammengestellt, die bei den verschiedenen Zahnwalarten variieren, je nach den Anforderungen ihrer Tauchtiefe: (1) flexible Struktur des Thorax, die es ihm erlaubt zu kollabieren, wenn der hydrostatische Druck zunimmt; (2) Lungen mit großen Mengen einer elastischen Substanz, die sich beim Einatmen spannt und beim Ausatmen den Lungen erlaubt, sich zusammenzuziehen, ohne sich von der Brustwand zu lösen; (3) eine elastische Luftröhre, die es den Atemwegen erlaubt, zu kollabieren (...); (4) große, dehnbare Venen, venöse Sinusse und Wundernetze (retia mirabilia), die durch Blut geweitet werden und den Raum ausfüllen, den die Atemluft durch den Druck beim Tauchen entstehen läßt. (...)

S. H. Ridgway und R. Harrison
in: *„Research on Dolphins"*

Das Tauchen der Wale wirft eine weitere Frage auf: Wie machen sie es, daß ihr Stoffwechsel nicht zusammenbricht und die Muskeln weiterarbeiten, wenn sie für vergleichsweise lange Zeit nur den Sauerstoff eines einzigen Atemzugs, einer Lungenfüllung, zur Verfügung haben? Können Wale in ihrem Gewebe Sauerstoff speichern, oder können manche Gewebe ohne (anaerobisch) oder mit nur geringen Mengen Sauerstoff auskommen? Das Blutvolumen der Wale ist im Vergleich zu ihrem Körpergewicht größer als bei den meisten Landsäugetieren, aber nicht annähernd so groß wie bei Seehunden. Das Hämoglobin der Wale hat keine größere Affinität zu Sauerstoff als das anderer Säuger. Soweit bekannt ist, verlangsamt sich auch der Herzschlag beim Tauchen nicht so drastisch wie bei den Seehunden. Anders als bei den Seehunden sammelt sich in den Unterleibsgefäßen von Walen während eines Tauchgangs nicht das sauerstoffarme venöse Blut, so daß das sauerstoffreiche ausschließlich für das Gehirn zur Verfügung steht, das durch Sauerstoffmangel schnell und dauerhaft geschädigt würde.

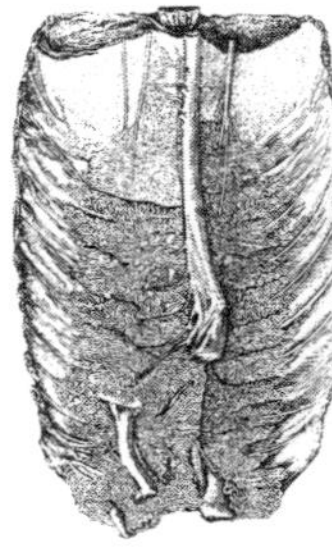

Das Wundernetz, hier von einem Schweinswal, ist ein Teil des Blutgefäßsystems, das dank seiner unzähligen Schlagadern und Verästelungen sein Volumen vermutlich stark verändern kann. Es dient der Anpassung an das Tauchen, sowohl um Drücke auszugleichen, als auch um die Sauerstoffzufuhr zu regulieren.

Vor allem die Muskeln der Wale enthalten eine ungewöhnlich große Menge an Myoglobin – daher die dunkle Farbe des Walfleischs –, das

Sauerstoff bindet und so eine Sauerstoffreserve bildet.

Myoglobin gibt es in den Muskeln aller Säugetiere, aber bei den Walen ist die Menge zehnmal so groß wie bei gewöhnlichen Landsäugern, so daß die Muskeln beim Tauchen eine große Menge Sauerstoff mit in die Tiefe nehmen. Wenn dieser Sauerstoffvorrat aufgebraucht ist, können die Muskeln anaerobisch länger weiterarbeiten als die Muskeln der Landsäuger. Denn Wale reagieren unempfindlicher auf die Mengen an Milchsäure und Kohlendioxid, die aufgrund von Muskelaktivität in den Blutkreislauf eindringen. Diese Stoffe stimulieren das Atemzentrum des Gehirns und erzwingen das Luftholen.

L. Harrison Matthews:
„The Natural History of the Whale"

Bradycardie

Vor über hundert Jahren beschrieb Paul Bert das Phänomen der „reduzierten Herzschlagfrequenz" bei tauchenden Enten. Dieses Phänomen wird seither Taucherbradycardie genannt und ist die bekannteste Reaktion der Herzgefäße tauchender Tiere inklusive der Wale. (...) Viele Forscher haben vermutet, daß marine Säuger Sensoren in Kopf oder Schnauze besitzen, die die Bradycardie auslösen. (...)

Kanwisher und Sundnes studierten den Herzrhythmus beim Schweinswal. Sie konstatieren: „Nach jedem Atemzug erhöhte sich die Herzschlagfrequenz innerhalb von ein oder zwei Sekunden auf 115–120 Schläge pro Minute. Nach zehn Sekunden sank die Herzschlagfrequenz deutlich ab und war nach 30 Sekunden bei 50–60 Schlägen pro Minute. Bei dieser Frequenz blieb es bis zum nächsten Atemzug."

Beim Tümmler erhöht sich die Herzschlagfrequenz kurz nach dem Einatmen auf 70–100 Schläge pro Minute, unabhängig davon, ob die Delphine schwimmen oder auf einer Matte außerhalb des Wassers ausruhen. Innerhalb weniger Sekunden fällt die Herzschlagfrequenz wieder auf 30–40 Schläge pro Minute und bleibt bis zum nächsten Atemzug bei dieser Frequenz, gleichgültig ob dazwischen die Luft für 20 Sekunden oder mehrere Minuten angehalten wurde. Auf diese Weise variiert die Herzschlagfrequenz auch zwischen den oberen und den unteren Werten, wenn der Delphin zwei- oder dreimal pro Minute Luft holt, je nach Atemzug. Ähnliche Veränderungen der Herzschlagfrequenz wurden bei *Orcinus*, *Globicephala*, *Lagenorhynchus*, *Phocoenoides* und verschiedenen anderen Zahnwalen festgestellt. (...)

Kanwisher und Senft beobachteten, daß ein gestrandeter Finnwal von 15 m Länge einen regelmäßigen Puls von 27 Schlägen pro Minute aufwies, was sie für eine sehr hohe Rate hielten. Sie vermuteten, daß ein Tier dieser Größe normalerweise etwa 8–10 Herzschläge pro Minute aufweisen müßte.

Ein freischwimmender Delphin, dem ein telemetrisches Gerät umgeschnallt war, hatte kurz nach dem Blasen einen Puls von 80–90 Schlägen pro Minute, der innerhalb weniger Sekunden auf 33–45 Schläge abfiel. Auf dieser Frequenz blieb er bis zum nächsten Blas und erhöhte sich kurz danach wieder für einige Sekunden. Längere Perioden des Luftanhaltens bewirkten keine nennenswerte Verlangsamung der Herzschlagfrequenz. Diese schien auf einen Grundlevel abzufallen und bis zum nächsten Blas dort zu bleiben. In der Tat schien die niedrigere Frequenz charakteristisch für das Tier zu sein (...). Ausgeatmete Luft, die nach einem Tauchgang aufgefangen und untersucht wurde, zeigte, daß die Bradycardie bestehen blieb, bis der ausgeatmete Kohlendioxidlevel wieder normal war. Nach langem Luftanhalten erhöhte sich die Atemtätigkeit auf das etwa Fünffache der Ruherate, und die Herzschlagfrequenz stieg vom Level beim Anhalten der Luft (ca. 35 Herzschläge) auf etwa 150 Herzschläge und blieb, wenn auch immer weniger, erhöht, bis das ausgeatmete Kohlendioxid wieder normale Werte erreicht hatte.

Anaerober Stoffwechsel

Während langer Tauchgänge müssen einige Gewebe ihre Sauerstoffvorräte abgeben und hängen vom anaeroben Stoffwechsel (Metabolismus) ab. Ridgway u. a. vermuteten, daß gegen Ende eines Tieftauchgangs kaum noch genug Sauerstoff im Delphin verblieb, um das Herz zu unterhalten, und daß sogar das Gehirn in gewissem Maße zum anaeroben Metabolismus fähig ist. Bislang wurde nur sehr wenig über die anaeroben Fähigkeiten eines Delphins geforscht. Weder sind ihre Tauchzeiten so lang, noch kann man mit ihnen so leicht experimentieren wie mit Seehunden. In jedem Fall scheinen die meisten Tauchgänge aerobisch zu funktionieren, und ein hervorstechendes Merkmal der besseren Taucher ist eine erhöhte Fähigkeit, Sauerstoff zu speichern und zu transportieren.

Das Blut

Ein relativ höheres Blutvolumen war eine der ersten Anpassungen an das Tauchen, die festgestellt wurden. Bert fand heraus, daß Enten ein höheres Blutvolumen besitzen als Hühner, und Bohr stellte fest, daß Alke und Papageitaucher mehr Blut haben als nichttauchende Vögel. Seither haben zahlreiche Forscher von hohen Blutvolumina bei tauchenden Säugern berichtet. Ridgway u. a. fanden heraus, daß das Blutvolumen bei Belugas (in ml/kg) das gleiche Verhältnis aufwies wie das kleinerer Zahnwale (...) wie des Dall-Delphins (etwa 100 kg Körpergewicht) und des Weißstreifen-Delphins (ebenfalls etwa 100 kg). Die Daten über Blutvolumina unterstützen jedoch nicht die Hypothese, daß das Blutvolumen bei Walen zum Körpergewicht in Relation gesetzt werden kann, wie das für Säuger im allgemeinen gilt, oder daß das Blutvolumen bei Säugern einheitlich bei 70 ml/kg des Körpergewichts liegt. Neun verschiedene Forschergruppen, die mit vier verschiedenen Techniken arbeiteten, berichteten von hohen Blutvolumina (120–180 ml/kg) bei Mützenrobben, Gemeinen Seehunden, See-Elefanten, Weddellrobben sowie den Kalifornischen Seelöwen, den Belugas, den Gemeinen Delphinen und den Dall-Delphinen.

Die Bedeutung des erhöhten Blutvolumens bei einigen kleineren Walarten scheint darin zu liegen, daß es den Tieren eine erhöhte Sauerstoffspeicher- und -transportkapazität verleiht. Das gilt insbesondere, weil mit dem höheren Blutvolumen in der Regel eine höhere Konzentration von Hämoglobin und roten Blutkörperchen einhergeht.

Wurden trainierte Delphine im offenen Meer gehalten und verlangte man von ihnen häufige Tieftauchgänge, dann konnte man einen Trainingseffekt feststellen. Dies wurde durch die Zunahme von Hämoglobin, Hämatokrit (Zahl der roten Blutkörperchen) und Blutvolumen sowie eine Verringerung des Durchmessers der roten Blutkörperchen bewiesen.

Vogl und Fisher verglichen das Blut und den Blutkreislauf der Belugas mit denen der Narwale. Die erhaltenen Hämatokrit- und Hämoglobinwerte der Narwale sind bedeutend höher als die der Belugas und liegen auf derselben Ebene wie die der *Phocoenoides*. Bei den Narwalen waren auch die Thorax-Retia größer. Wir stimmen mit Vogl und Fisher überein, daß der Narwal wahrscheinlich tiefer taucht als der Beluga, und zumal letzterer Tauchtiefen von 647 m erreichte, müssen die Fähigkeiten der Narwale beachtlich sein.

S. H. Ridgway und R. Harrison
in: *„Research on Dolphins“*

Orientierung mit Ultraschall und Echolot

Ich glaube, wir kommen weiter, wenn wir das so eindrucksvolle (und zweifellos sehr leistungsfähige) Gehirn des Delphins zunächst einmal in Beziehung zur Körpergröße bringen. Dann sehen wir schnell, daß auf ein Kilo Fleisch beim Menschen doch noch ein bißchem mehr Grips entfällt als beim prächtigen Flipper, und daß das sofakissengroße Pottwalgehirn ganz gewiß keine freien Zellen zum Entwickeln einer eigenen Philosophie und Religion übrig hat, von denen einst (...) Dr. Lilly fabulierte. Das Walgehirn hat genug damit zu tun, einen 20 Meter langen 15-Tonnen-Körper durch die Finsternis der Tiefsee zu lotsen. Der Pottwal ist nämlich zufällig jene Walart, die eine Stunde lang und bis zu tausend Meter tief zu tauchen vermag. Schon bei etwas normaler operierenden Walen oder Delphinen ist das Gehör – mit entsprechend großem Hirnanteil – der wichtigste Sinn. Wale und Delphine orientieren sich nämlich in trüben Gewässern, bei Nacht und ab einer gewissen Tiefe weitgehend mittels Ultraschall nach dem Echolot-Prinzip. Das ist zwar keine so einmalige Erfindung, denn die Fledermäuse – ohne je mensch-ebenbürtiger Intelligenz verdächtigt worden zu sein – praktizieren Ähnliches seit eh und je beim nächtlichen Insektenfang und beim Vermeiden von Hindernissen während des Dämmerungsflugs.

Aber im Wasser erfolgt die Schallleitung weit schneller und besser. Die von fast allen Zahnwalen beinahe ständig ausgestoßenen, für uns unhörbaren Ultraschallaute, deren Echo wieder aufgefangen und im Gehirn „umgearbeitet“ wird, lassen sie – von Unterwasserfelsen, tückischen Fangnetzen oder ratternden Motorboot-

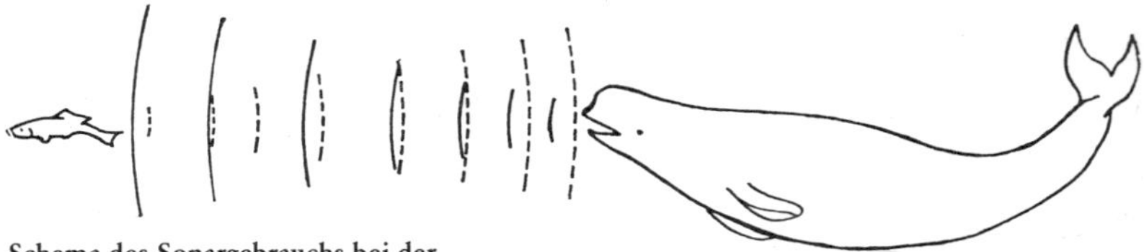

Schema des Sonargebrauchs bei der Nahrungssuche: die vom Wal ausgesandten, sich kreisförmig ausbreitenden Ultraschall-Ortungstöne (———) werden zurückgeworfen und als „Echo" wahrgenommen, wenn sie auf ein Hindernis (Fisch) treffen.

schrauben ganz abgesehen – selbst den Qualitätsgrad von Futterfischen auf weite Entfernung ermitteln. Sie leisten also weit mehr, als unsere Radargeräte mittels Elektrowellen zuwege bringen.

Dort liegen – unter anderem – die Fähigkeiten, die es wert sind, bestaunt (und erforscht) zu werden. Oder meinetwegen beim Thema Schwimmtempo, das zum Staunen aller Schiffsbautechniker weit höher ist, als es der Muskelleistung und idealen Stromlinienform nach eigentlich sein dürfte. Die Delphine tragen nämlich noch so ein paar Geheimrezepte zum Herabsetzen des Reibungswiderstandes in ihrer Haut mit sich herum, von denen wir gerade die ersten Schleier zu lüften beginnen.

Glauben Sie bitte nicht, daß ich Ihren geliebten Flipper (...) mies machen wollte – mitnichten. Er hat noch genug Geheimnisse und Beneidenswertes auf Lager. Wer seit über zehn Jahren täglich mit ihm arbeitet, kann durchaus zu einem Grad von Vertrautheit (sagen wir meinethalben ruhig „Freundschaft") mit ihm gelangen, der über die vielen Illustrierten-Flipperfreunde nur lächeln läßt. Nur suchen Sie bitte nicht nach einem Wörterbuch der „Delphinsprache" und sparen Sie sich damit alle jene Mätzchen, für die Herrn Dr. Lilly nun auch in den USA schon seit Jahren keine Mittel mehr bewilligt werden. Daß viele Tiere – darunter auch der Delphin, von dem mittlerweile über 30 verschiedene Lautäußerungen registriert sind – über Lockruf, Warntöne, Stimmfühlungslaute und so weiter verfügen, die von den Artgenossen in ihrer jeweiligen Bedeutung erkannt werden und also eine mehr oder minder deutliche Signal- oder Kommunikationswirkung haben, ist nur recht und billig, aber alles andere als sensationell. „Sprache" bedeutet die Möglichkeit zur Wiedergabe, unabhängig von der Augenblickssituation, bedeutet zumindest in Andeutung Grammatik, Satzbau, Ausbausysteme. Erst wenn ein Delphin sagen könnte: „Du, gestern habe ich aber ein schickes Segelboot hinter der Sandbank gesehen!" – dann wäre es Sprache. Davon sind wir und die Delphine einstweilen noch weit entfernt.

Gott sei Dank, wie man beinahe sagen möchte. Denn es gibt schon so viele Menschen auf der Erde, daß man sich eigentlich nicht noch welche im Wasser wünschen oder erfinden sollte.

Dr. Wolfgang Gewalt

Zur Biologie der Wale

Lange Zeit war im Verhältnis zu vielen anderen Säugetieren über die Biologie der Wale nur recht wenig bekannt, vor allem was ihre Physiologie und ihr natürliches Verhalten betrifft. Erst im Lauf der letzten drei Jahrzehnte konnten viele Wissenslücken geschlossen werden – und je mehr man über die Tiere lernt, um so Erstaunlicheres offenbart sich über ihre Fähigkeiten.

Die Nase

Wenn von der Sauerstoffversorgung die Rede ist, darf die Nase nicht fehlen. Nun könnte man meinen, der Schlitz oben auf dem Kopf habe nur eine Aufgabe, als eine Art Schnorchel die Luft in die Lunge zu transportieren. Dazu aber ist die Nase – oder besser sind die Nasen, denn sie unterscheiden sich bei den Walen erheblich – viel zu kompliziert gebaut. Fast könnte man sagen, der Wal hat eine eigene Nase, denn schon die Nasenlöcher sind unterschiedlich. Während die Bartenwale zwei Öffnungen haben, besitzen die Zahnwale nur eine. Daher ist auch der Blas entweder zweigeteilt oder bildet nur eine einzige Wolke.

Wie bereits erwähnt, befindet sich die Nasenöffnung nicht rostral, „mitten im Gesicht", sondern auf der Oberseite des Kopfes, sozusagen auf dem Scheitel. Sie hat sich demnach im Vergleich zu Landsäugern nach oben und weiter hinten verlagert. Diesen Entwicklungsprozeß, der zweifellos seinen Sinn darin hat, daß der Wal in seiner waagerechten Schwimmlage die Nase somit an der höchsten Körpererhebung trägt, kann man bis in die Embryonalentwicklung verfolgen.

Bei sehr kleinen Föten liegen die – übrigens paarigen – Nasenanlagen an der gleichen Stelle wie auch bei allen anderen Säugern. Erst im weiteren Verlauf der Embryogenese tritt die Umwandlung zur Walnase ein. Beim Pottwal geschieht dieser Prozeß – nach eigenen Untersuchungen – bereits in einem sehr frühen Stadium, bei dem auch sehr früh der rechte

Nasengang verschlossen wird. Nur der linke bleibt als Öffnung erhalten, aus dem später das Blasloch wird. Dementsprechend entwickelt sich der linke Nasengang zur Luftröhre hin, der als schlichtes Rohr beim „fertigen" Wal schräg von der Nasenspitze durch den den kastenförmigen Kopf läuft, um mit dem gänseschnabelartigen Kehlkopf in die knöcherne Nasenöffnung zu münden. Auch der rechte Nasengang bleibt erhalten, mündet aber nicht in ein Nasenloch, sondern endet an einer Art Ventil, dem sogenannten „Museau de singe" (Affenmaul), dem sich eine Aussakkung anschließt, die mit dem Blasloch in Verbindung steht. Das Blasloch liegt beim Pottwal anders als bei allen anderen Walen: vorn links, und es bildet nicht eine quergestellte, bogenförmige Öffnung, sondern es ist S-förmig und in der Längsrichtung orientiert.

Während der linke Nasengang sozusagen als Blasrohr vom unpaaren Nasenloch an der Oberseite des Kopfes zum knöchernen Nasenbein läuft, liegt der rechte Nasengang weiter unterhalb, zumal sich die Aussackung – als „distal sac" bezeichnet – nicht nur quer, sondern auch längs am Vorderkopf erstreckt. Den Raum zwischen Nasenöffnung und Oberkiefer, der die kastenförmige Gestalt des Kopfes ausmacht und mit Fett ausgefüllt ist, könnte man mit einer sehr hochgezogenen Oberlippe vergleichen. Aber sicherlich stellt die Nase nicht nur eine solche „Lappalie" dar, sondern dahinter verbirgt sich offenbar ein hochkompliziertes Organ.

Am hinteren Ende der Nasengänge, im Anschluß an den epicranialen Teil, der vor den Schädelknochen endet, münden sowohl der linke als auch der rechte Nasengang wiederum in eine Aussackung oder Höhle, in den „frontal sac", wo dann auch der linke Nasengang als Atemrohr die Lunge versorgt.

Entsprechend der Verlagerung der häutigen Nasengänge haben sich auch die Schädelknochen verändert. Diese Verschiebung wird aber bei anderen Walen verständlicher als beim Pottwal, zumal bei ihnen das Blasloch weiter hinten liegt. Beim Pottwal ist das Blasloch vermutlich mit der Ausbildung des riesigen Spermacetikissens, auf das noch eingegangen wird, nachträglich, also sekundär, wieder weiter nach vorn verlagert worden. So gehen bei den meisten Walen die Nasengänge, vom Blasloch aus betrachtet, senkrecht durch den weichen Bereich des Kopfes zum Schädelknochen, wo sie in das Nasenbein münden. Das Nasenbein ist im Verhältnis zu Landsäugern nach hinten verschoben, während die Oberkiefer- und Zwischenkieferbeine nach hinten ausgewachsen sind. Sie sind über – oder bei den Bartenwalen unter – das Stirnbein verschoben, und das Scheitelbein ist zur Seite gedrängt. Zu diesen Veränderungen hat sicherlich nicht nur die Verlängerung der Nase, sondern auch die Verlagerung der Kiefer geführt, um das Maul bei den Bartenwalen zu dem großen Filterapparat und bei den Zahnwalen zu einer Fangzange auszubilden.

Ähnlich wie beim Pottwal gehen auch bei den anderen Zahnwalen die Nasengänge nicht etwa als schlichte Schläuche in den Schädelknochen, sondern auch sie bilden Aussackungen, die aber mit den beiden „sacs" des Pottwals kaum oder nur auf „Umwegen" zu vergleichen sind. Diese Ausstülpungen sind zudem auch bei den einzelnen Zahnwalen so unterschiedlich, daß sich schon viele Anatomen den Kopf zerbrochen haben, um hier, wenn auch mit Abwandlungen, ein einheitliches Schema aufzustellen. Ganz zu schweigen von dem Durcheinander, das herrscht, weil die meisten Autoren immer wieder neue Namen für die Höhlen oder Aussackungen erfanden.

Es stellt sich natürlich die Frage, zu welchen Zwecken dieses komplizierte System aus Blasloch, Luftsäkken, Klappen und Gängen entwickelt wurde. Als sicher gilt, daß die Nase wohl kaum mehr die Funktion eines Geruchsorgans erfüllt, zumal eine Säugernase auf das Analysieren von gasförmigen Stoffen eingerichtet ist, nicht aber auf das von im Wasser schwebenden. Auch beweisen anatomische Serienuntersuchungen, daß die Riechschleimhäute rückgebildet werden und nur noch im Embryonalstadium in Erscheinung treten. Noch ehe ein Wal geboren wird, weicht die Konstruktion der Nase vom ehemaligen Typus ab und nimmt statt dessen den komplizierten Bau an, der nur noch schwer eine Homologisierung zuläßt, eine Deutung der einzelnen Elemente, die sich zu Klappen oder Aussackungen umwandelten. So liegt nahe, daß der Nase oder den Nasenkomplex neben der Atmung noch eine weitere oder gar mehrere weitere Aufgaben zufallen.

Lauterzeugung

Auch hier, wie so oft bei den Walen, gelang es den Wissenschaftlern bislang nur, Hypothesen aufzustellen, die bis hin zu der Annahme führen, daß die Wale mit Hilfe ihres Nasenapparates Laute erzeugen oder daß der Komplex zumindest Teil eines speziellen Radarsystems, eines Sonars (sound navigation and ranging), ähnlich dem Echolotsystem der Schiffahrt, darstellt. Ohne Zweifel dienen die Klappen und Ventile als Dichtungen, die gegen einströmendes Wasser vorgeschoben beziehungsweise verschlossen werden. Wahrscheinlich leisten sie aber viel mehr. Da der Kehlkopf der Zahnwale keine Stimmbänder aufweist, könnten sie zur Lauterzeugung einen anderen Mechanismus entwickelt haben.

Zahnwale verfügen über ein großes Spektrum an Schallwellen, das sowohl der Kommunikation, also Sprache, als auch der Orientierung dient. Diese Echoorientierungssignale im Ultraschallbereich gehen bis 280 Kilohertz, wie man anhand von Aufzeichnungen weiß. Hörbar für uns Menschen sind nur die tieferen Frequenzen, die bis 18 Kilohertz reichen. Grob betrachtet lassen sich die Laute der Zahnwale in zwei Typen unterteilen: in „clicks" oder Klicklaute und in Pfeiftöne. Dabei scheinen die Pfeiftöne, die sich sehr kompliziert und zu ganzen Liedern zusammensetzen, die Sprache zu bilden, mit der sich die Tiere offenbar nicht nur warnen oder anlocken, sondern sogar regelrecht unterhalten können, wie etliche Versuche beispielsweise mit Delphinen vermuten lassen. Die „clicks" wiederum scheinen sowohl als Orientierungshilfe in völliger Dunkelheit als auch als Ortungsapparat beispielsweise für Futtertiere zu dienen.

Hierbei handelt es sich nach Oelschläger, der etliche Arbeiten zusammenfaßte, „bei den Ultraschallsignalen um Schwingungen in den Weichteilen des Kopfes". Zu diesen Weichteilen dürften neben dem Nasenkomplex auch die Fettmassen, die „Melone" oder „Fettlinse", gehören, die als Wulst mehr oder weniger stark ausgebildet auf der Stirn und der Schnauze der Wale liegen. Stellt man sich vor, wie weit die Nase nach oben gezogen ist, befindet sich diese Melone in dem Bereich, den eine entsprechend hochgezogene Oberlippe bedecken würde. Beim Pottwal ist diese Fettlinse am größten. Sie wird als Spermacetikissen bezeichnet und enthält das als Walrat begehrte Fett. Der Name Spermacetikissen für dieses hochkomplizierte „Gerät" ist darauf zurückzuführen, daß seine Substanz an Spermien erinnert. Die Ansicht freilich, daß der Pottwal seine Spermien im Kopf trägt, ist bald wieder verworfen worden. Geblieben ist der Name. Das Spermacetikissen erstreckt sich von der Schnauzenspitze bis zu den schaufelförmigen Schädelknochen, wo es vorn und hinten durch die Nebenhöhlen der Nasengänge, die „distal" und „frontal sacs", begrenzt wird. Es verleiht dem markanten, kastenförmigen Kopf des Pottwals das typische Aussehen. Unterhalb dieser Fettlinse schließt sich weiteres Gewebe an, das stark fetthaltig ist. Es liegt gleich auf dem Knochen, der die langgezogene Schnauzenspitze ausmacht. Bislang ist noch nicht geklärt, ob dieses Fettgewebe auch im Zusammenhang mit den Nasengängen eine Funktion erfüllt oder ob es sich hierbei tatsächlich um eine Art hochgezogener Oberlippe handelt, wie Schenkkan annimmt.

Es ist gänzlich ungeklärt, in welcher Weise sich die Melone an den schallerzeugenden Schwingungen beteiligt. Wie aber schon der Name Fettlinse sagt, soll sie die Schallwellen wie eine akustische Linse bündeln und gezielt aussenden. Ob der Schall dabei im Kehlkopf, der eine Art Ventil bildet, entsteht, wie Purves vermutet, oder aber ob die Nase mit ihren Lippen und Luftsäcken Geräusche machen kann, ist noch umstritten. Während der Schall durch die Melone gebündelt und ausgestrahlt wird, sollen die Schädelknochen, die ja nach hinten und ineinander verschoben („telescoping") sind, als Reflektor dienen, der gleichzeitig wie ein Parabolspiegel verhindert, daß ein Abstrahlen nach hinten, also zum eigenen Ohr hin, erfolgt.

Durchaus denkbar ist, daß sowohl der Kehlkopf als auch die Nase zur Lauterzeugung dienen, daß, wie Evans und Prescott annehmen, die Pfeiftöne, also die althergebrachte Sprache, im Kehlkopf entstehen und daß die Klicklaute im Nasenbereich – über die Klappen als Stimmlippen – erzeugt werden. Sie bilden demnach den Sendemechanismus des Echolokationsapparates, der über die Melone ausgestrahlt und gerichtet wird. Daß ein Kehlkopf nicht unbedingt Stimmbänder braucht, um Sprache zu erzeugen, beweisen nicht zuletzt die Papageien. Diese pfiffigen Vögel können

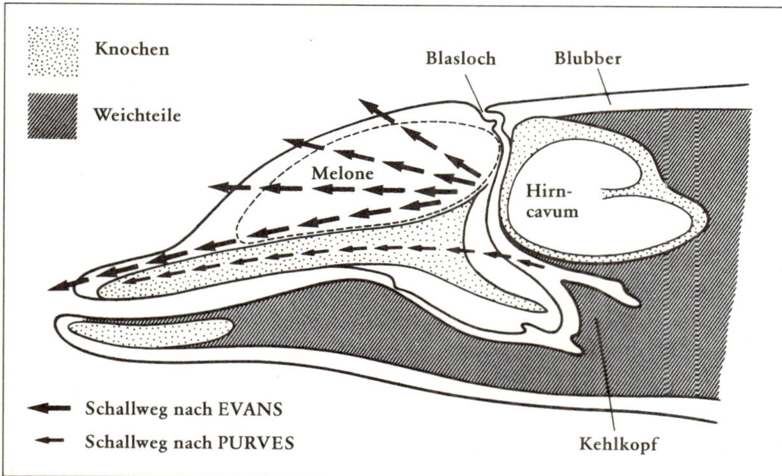

Schema der linken Seite eines Delphinschädels: zwei Hypothesen für die Ultraschallableitung bei den Zahnwalen.

bekanntlich sehr wohl ohne Stimmbänder sprechen.

Sicherlich ist es sehr schwierig, sich vorzustellen, wie beispielsweise eine akustische Linse funktioniert. Vielleicht sollte man sie mit der Linse des Auges vergleichen. Nur wird hier nicht ein optischer Reiz wahrgenommen, sondern ein akustischer, und zwar mit mindestens derselben Präzision. So haben Forscher beispielsweise herausgefunden, daß ein Delphin bei Versuchen in der Lage war, zwei Kugeln zu unterscheiden, die ein Mensch aufgrund ihres geringen Durchmessers mit bloßem Auge nicht unterscheiden konnte. Die Delphine lösten die Aufgabe mit verbundenen Augen, aber offensichtlich mit der Präzision ihrer Klicklaute.

Echolokation und Orientierung

Dazu gehört nicht nur, daß die Tiere ihre Sendemechanismen ganz exakt abgeben können, sondern daß sie auch imstande sind, mit genauso sensiblem Feingespür zurückkommende Schallwellen aufzunehmen und zu analysieren. Offenbar sind sie mit Hilfe dieses Sinnesorgans in der Lage, ihre Umgebung abzutasten, so daß sich in ihrem Gehirn ein Bild formt, das mindestens so deutlich ist wie das, was wir Menschen sehen.

Angenommen, das Klicken liefert den Schlüssel zur Orientierung der Zahnwale, dann stellt sich die Frage, wie es dazu kommt. Ich möchte mich bei der Beantwortung auf die Hypothese von Norris beschränken, die er für die Echolokation bei Delphinen entwickelte.

In dem Momemt, da der Delphin Luft holt, öffnet sich das Blasloch, und der „Pflock", der Muskelpropfen des Nasenkanals, wird eingezogen. Dabei werden die beiden oberen der drei Paar Luftsäckchen luftleer, zumal sie den Pflock aufnehmen. Sobald das Einatmen vollzogen ist, schließt sich der Pflock, und auch die oberen Säckchen füllen sich mit Luft aus dem gesamten Atemtrakt, während der Nasenkanal blockiert wird. Wenn nun eine Serie von Klicks entsteht, wird Luft von den oberen Säckchen in die mittleren und von dort in die unteren gepreßt. Sobald die oberen Säckchen leer sind, beginnt der Austausch wieder von vorn, wobei der Delphin aber nicht unbedingt einen neuen Atemzug tun muß, um die oberen Säckchen zu füllen, sondern es kann auch Luft aus der Lunge oder den miteinander kommunizierenden Säckchen zurückverfrachtet werden. Anscheinend ist ein ununterbrochener Luftstrom möglich, ohne daß Luft dem Blasloch entweicht. Anders wäre auch nicht denkbar, daß die Tiere über längere Zeit funken oder „reden" können. Allerdings ist nicht zu begreifen, wie sie Laute erzeugen, während sie das Blasloch geöffnet haben. Vielleicht, indem sie die feine Trennwand zwischen den Nasengängen in Vibration versetzen, oder aber, indem sie den Kehlkopf mit seinen kleinen Falten zum Stimmen bringen.

Eine ähnliche Theorie, daß die Wand des Nasenganges in Vibration versetzt wird, gibt es auch für den Pottwal, der ja nur über zwei Paar Luftsäckchen verfügt. Hierzu Berzin: Das Spermacetiorgan läßt sich aufgrund struktureller Unterschiede in hintereinander gereihte Scheiben einteilen, die jeweils durch den Zug von dazugehörigen Muskeln ihre Form verändern können. Wird eine solche Scheibe zusammengezogen, erweitert sich der angrenzende Bereich im rechten Nasengang, der mit dem Spermacetiorgan in Verbindung steht, und Luft strömt an die Stelle. Tritt dieser Vorgang an verschiedenen Stellen auf, dann setzt er die Wand des rechten Nasenganges in Vibration. Dabei können die beiden Luftsäcke als Speicher für die Luft dienen. Oder aber der vordere könnte, sofern er mit Luft gefüllt ist, wie eine isolierende Barriere wirken, die die Frequenzen und Impulse dosiert.

Manche Forscher meinen sogar, daß der Pottwal mit diesem System nicht nur echoloten, sondern auch Schallwellen aussenden kann, die ihre Beutetiere ausmachen und betäuben oder tödlich treffen können. Die Kampfesspuren von Saugnäpfen an den Köpfen von Pottwalen sprechen allerdings dagegen. Daß die Pottwale aber ihre Beute schon vor dem Tauchen orten können, klingt glaubwürdig, zumal sie doch einen recht langen, energetisch aufwendigen Tauchgang unternehmen müssen, um sich den Magen endlich vollschlagen zu können.

In diesem Zusammenhang – Sparen von Energie beim Tauchen – hat das Spermacetiorgan vermutlich eine weitere Funktion. Nach Malcom R. Clarke scheint das riesige Kissen, das bis zu vier Tonnen Walrat enthält, als eine Art hydrostatisches Organ den Auftrieb regulieren zu können. Je nachdem, ob der Pottwal diese Fettmasse gerade abkühlt oder aufheizt, soll es ihn entweder zu Boden sinken oder aufsteigen lassen. (...)

Das Gehör

Da gutes Senden oder Funken, Echoloten oder eine deutliche Sprache allein noch keinen Meister der Kommunikation oder der Echolokation machen, mußten sich auch die Walohren einer gehörigen Anpassung unterziehen. Das beginnt damit, daß die äußeren Ohrmuscheln – die bei manchen Landtieren riesige Löffel oder Trichter bilden, um den Schall aus bestimmten Richtungen aufzufangen – bei den Walen vollkommen verschwunden sind. Das ist aber nicht verwunderlich, wenn man sich vorstellt, was für enorme Hindernisse solche „Löffel" für die perfekte Stromlinienform bedeuten.

Für den Empfang, den das Walohr sauber aufnehmen muß, ohne mit dem eigenen Sender in Konflikt zu geraten, ist folgendes von grundlegender Bedeutung: Das Richtungshören oder der Stereoempfang müssen nicht nur von der eigenen Geräuschquelle isoliert, sondern auch von ihr abgetrennt sein. Denn obwohl das Hören unter Wasser theoretisch gut funktioniert, weil Schall beispielsweise sehr viel weiter reicht als Licht, ergibt sich eine Schwierigkeit, die jeder Taucher bestätigen kann: Das Richtungshören unter Wasser ist schlecht. Man kann beispielsweise kaum ergründen, woher das Tuckern eines Motorbootes kommt, obwohl es deutlich wahrnehmbar ist. Ursache hierfür ist nach dem deutschen Anatomen Fleischer, der sich ausführlich mit der Hörfähigkeit und der Entwicklung der Walohren auseinandergesetzt hat, „daß der Schall im Wasser ziemlich ungehindert in den Schädel eindringen kann. Da unser Ohr mit dem Schädel verwachsen ist, wird es in unkontrollierbare Schwingungen versetzt. Da weiterhin beide Ohren über den Schädel miteinander verbunden sind, können wegen solcher gemeinsamer Schwingungen Laufzeitunterschiede nicht mehr oder kaum mehr festgestellt werden."

Das Ohr

Um bei Walen eine „Feineinstellung" ohne Nebengeräusche zu ermöglichen, wurde das Ohr, das bei uns Teil des Os temporale ist, bei ihnen aus dem knöchernen Verband der Schädelknochen gelöst. Es ist nur mit Bindegewebe am Schädel befestigt, so daß es von Schädelschwingungen isoliert ist. Erhalten blieb jedoch nach Fleischer ein luftgefülltes Mittelohr, während auch der Gehörgang praktisch verschwunden ist. Den Verlust des äußeren Gehörganges – wie den der Ohrmuschel – begründet er damit, daß dieser unter Wasser funktionslos ist, „da Weichgewebe im Wasser akustisch transparent sind beziehungsweise den Schall genausogut leiten wie Wasser. Lufträume, die das Gehör von verschiedenen Seiten umgeben, dienen als wirksame Barrieren."

Wie andere Säuger haben auch beispielsweise die Delphine, bei denen das Ohr am besten erforscht

Über die Funktion des äußeren Ohres ist wenig bekannt – es liegt von außen kaum sichtbar hinter und unterhalb der Augen. Beim Unterwasser-Hören hat es offenbar nur eine untergeordnete Bedeutung.

ist, ein typisches Innenohr und drei Gehörknöchelchen im Mittelohr. Allerdings fehlt bei manchen – und auch beim Pottwal – ein Trommelfell, das beim „normalen“ Ohr den Schall empfängt und über die Gehörknöchelchen an das Innenohr weitergibt. Die Gehörknöchelchen, Hammer, Amboß und Steigbügel, sind in ihrer Form stark abgewandelt. Diese Umwandlung wie auch das Fehlen oder starke Verändern des Trommelfells hängen mit der Übertragung extrem hoher Frequenzen zusammen, wie sie die Zahnwale zur Echolokation benutzen. Fleischer: „Zunächst ist da natürlich das Trommelfell, das bei der Übertragung höherer Frequenzen schnell ineffektiv wird. Diese Schwierigkeit wird bei Delphinen dadurch überwunden, daß der Malleus-Incus-Komplex (Hammer, Amboß) aus der Ebene des Trommelfells zu einem äußerst kräftigen Band ausgezogen wurde." Dieses feste Band wird noch durch die Verwachsung bestimmter Knochen gespannt gehalten.

Zu den drei Gehörknöchelchen kommt bei den Delphinen noch eine Spezialisierung hinzu: Ein Teil des Tympanicums (der Knochen, in dem das Trommelfell ausgespannt ist) besteht nur aus sehr dünnen, aber dichten Knochen. Diese Knochenplatte, die Fleischer als „Tympanic plate" bezeichnet, soll der Empfänger sein für hohe Frequenzen, nicht aber das Trommelfell. Das Trommelfell kommt nach seinen Untersuchungen, die auch Experimente stützen, nur als Überträger auf das Innenohr für den tieferen Frequenzbereich in Frage.

Damit haben Delphine zwei Aufnahmeflächen für Schallwellen, wobei die steife Knochenplatte, das „Tympanic plate", die Schallwellen vermutlich über einen Fettkörper des Unterkiefers zugeleitet bekommt. Der Unterkiefer der Delphine wie auch der des Pottwals ist hohl und mit Fett ausgekleidet. Da die Knochenplatte die Grenzfläche zwischen dem Fettkörper und dem luftgefüllten Mittelohr darstellt und da sie eine hohe Plattensteifigkeit hat, die die Aufnahme hoher Frequenzen ermöglicht, dürfte ihre Funktion als „Ersatztrommelfell" für die Echolokation wohl geklärt sein. Aber auch die hohen Frequenzen werden über die Knochenplatte auf das ausgezogene Trommelfell und von dort auf die Gehörknöchelchen übertragen, die sie dann zur Analyse an das Innenohr weiterleiten.

Damit sind die Gehörknöchelchen, das Trommelfell und die Trommelfellplatte (Tympanic plate) bei den Delphinen auf den Empfang hoher und sehr hoher Frequenzen eingerichtet. Da sie aber auch auf den Bereich tiefer Frequenzen nicht verzichten können, zumal die tiefen Frequenzen weiter reichen als die hohen und der Kommunikation, also der Sprache, dienen, muß das Ohr auch in diesem Bereich als Empfänger konzipiert sein. Diese Aufgbe hat das Tympanicum, im dem das Trommelfell ausgespannt ist, insgesamt übernommen. Es kann in Schwingung versetzt werden und bildet bei den Delphinen einen speziellen Tiefenfrequenzempfänger.

Da Bartenwale keine Echolokation haben, sondern sich nur im tiefen Frequenzbereich „unterhalten", dafür aber einen weiten Sendebereich erlangen, ist ihr Tympanicum auf sehr tiefe Frequenzen eingestellt. Diese reichen bis 50 Hertz oder noch darunter bis um 20 Hertz. Solche tiefen Frequenzen haben gegenüber hohen den Vorteil, daß sie in der Luft, aber besonders im Wasser sehr weit reichen. Vermutlich können sie über rund 100 Kilometer weit von Artgenossen wahrgenommen werden. Auch der Pottwal scheint, ähnlich wie die Bartenwale, eine sehr große Horchweite zu besitzen. Dafür sprechen die Beobachtungen beim Walfang. Sobald das Gemetzel unter einigen der Tiere begann, kamen andere entweder zu Hilfe oder aber sie ergriffen die Flucht. Reis berichtet von Beobachtungen, die der Ausguckposten auf dem Berg der Insel machte. Pottwalmännchen, die auf der anderen Seite der Insel schwammen, ergriffen die Flucht, sobald ein Artgenosse verletzt wurde. Demnach muß die SOS-Meldung, der Notruf, um die Insel herum angekommen sein. Auf die Möglichkeit sehr weitreichender Kommunikation führt Reis auch die Tatsache zurück, daß es sehr schwer ist, zwei alte Bullen, die oft in Hörweite zueinander, aber kaum miteinander vor Madeira auftauchen, am selben Tag zu fangen. Sie scheinen zwar als Einzelgänger, aber doch in Rufweite zueinander durch die Nahrungsgründe zu ziehen. Da diese „Opas" offenbar keinen Platz mehr im Sozialgefüge haben, sondern als „Solitäre" ihre eigenen Wege verfolgen und allenfalls mit einem gleichgesinnten Greis ein paar Worte wechseln, scheinen solche 16- bis 17-Meter-Bullen auch keinen Sinn für Hilfeleistungen zu haben. Sie versuchen lieber, ihre eigene Haut zu retten.

Petra Deimer:
„Das Buch der Wale"

Während der letzten 15 bis 20 Jahre befaßten sich Experten des weiteren intensiv mit der Kommunikation von Walen. Diese Meeressäuger verständigen sich akustisch, obwohl noch nicht bekannt ist, auf welche Weise, da sie keine Stimmbänder haben. Man glaubt, daß ihre Lautäußerungen für die sexuelle und die soziale Kommunikation bedeutsam sind und überdies die Mitglieder einer lockeren Walherde zusammenhalten und ihnen möglicherweise Gefahr signalisieren.

Buckelwale sind für ihre melodischen Lautäußerungen bekannt, die Roger Payne und Scott McVay – der damals an der Princeton-Universität (New Jersey) arbeitete – erstmals beschrieben haben. Die komplexen „Lieder" dieser Wale sind in erkennbare Themen und Strophen unterteilt, die regelmäßig wiederholt werden, und können ununterbrochen mehr als eine halbe Stunde andauern. Ist ein Gesang beendet, beginnt der Wal gewöhnlich mit denselben Sequenzen wieder von vorn, und zwar in einem Muster, das er für mehrere Tage beibehalten kann.

Männliche Buckelwale singen hauptsächlich während der Fortpflanzungszeit, und zu Beginn der Saison stimmen alle den gleichen Gesang an. Katherine Payne von der Cornell-Universität in Ithaca (New York) fand jedoch heraus, daß sich dieses Lied im Laufe der Saison allmählich verändert; und am Ende des Winters unterscheidet sich das gemeinsame Lied vom anfänglichen völlig. Im Sommer, wenn die Tiere ihre Fortpflanzungsgebiete verlassen haben und in höheren Breiten Nahrung suchen, singen sie wenig oder gar nicht. Wenn sie dann im nächsten Jahr zurückkehren, beginnen sie wieder mit dem Lied vom Ende der vorangegangenen Saison. Und am Ende der zweiten hat sich auch dieses Lied völlig verwandelt.

Peter Tyack von der Woods Hole Oceanographic Institution (Massachusetts) und James D. Darling, damals an der Universität von Kalifornien in

Buckelwale sind nicht nur meisterhafte Musikanten, sondern auch elegante Springer, die sogar in der Lage sind, Purzelbäume zu schlagen.

Santa Cruz, begannen Ende der siebziger Jahre zu untersuchen, welche Rolle das Singen im Sozialverhalten von Buckelwalen im Bereich der Hawaii-Inseln spielt. Sie fanden heraus, daß Männchen nur singen, wenn sie allein sind, wobei sie in einer Tiefe bis zu 20 Metern, den Kopf nach unten, im Wasser schweben. Ihre Gesänge kann man unter Wasser bis zu fünf Kilometer weit hören.

Nähert sich dem singenden Männchen einmal ein anderes, so schwimmen beide für einige Minuten schweigend Seite an Seite. Trennen sie sich dann wieder, so stimmt normalerweise eines von ihnen erneut ein Lied an. Tyack meint, daß der Eindringling durch das Unterbrechen des Gesangs die Chance des Sängers verringert, von einem Weibchen als Paarungspartner gewählt zu werden.

In den späten siebziger Jahren begannen Christopher W. Clark von der Cornell-Universität und seine Frau Jane, die Lautäußerungen von Glattwalen zu erforschen. Zuerst wirkten die Laute monoton und schienen sich ständig zu wiederholen, nicht unähnlich dem Muhen einer Kuh; doch mit der Zeit konnten die Clarks feine und komplexe Variationen unterscheiden. Außerdem konnten sie mit speziellen Richthydrophonen individuelle Sänger orten und bestimmte Lautäußerungen spezifischen Verhaltensweisen zuordnen.

Sechs verschiedene Lautäußerungen sind heute von Glattwalen bekannt, nämlich ansteigende, abfallende, hohe, gemischte, pulsierende und konstante Rufe. Ansteigende Laute (sekundenlange Töne, die sehr rasch von niedriger zu hoher Frequenz übergehen) sind am häufigsten und sollen offenbar die Wale zusammenbringen. Abfallende Laute (Töne niedriger Frequenz, die rasch noch tiefer werden) sind seltener und dienen Walen, die über mehrere hundert Meter bis mehrere Kilometer voneinander entfernt sind, zur Verständigung. Hohe Laute (mit höherer Frequenz als die anderen) nehmen mit anwachsender Größe der rufenden Gruppe unverhältnismäßig stark an Häufigkeit zu; sie zeigen das ansteigende Erregungsniveau an, das man gewöhnlich in sexuell aktiven Gruppen von Walen beobachtet. Gemischte Rufe (mit unterschiedlicher Frequenz und Amplitudenmodulation) und pulsierende Laute (die rauh und knurrend klingen) sind fast ausschließlich in Gruppen von drei oder mehr Walen zu hören und werden mit zunehmender körperlicher Aggressivität in der Gruppe häufiger.

Es gibt Hinweise, daß pulsierende Laute nur von einem oder zwei Mitgliedern einer aktiven Gruppe ausgestoßen werden, wahrscheinlich von den aggressivsten. Konstante Rufe (tonale Laute mit wenig Frequenzänderung) sind selten und können bis jetzt noch keinem bestimmten Verhalten zugeordnet werden.

Es ist interessant, daß diese Lautmuster – bei denen hohe Rufe Erregung anzeigen und gemischte und pulsierende Aggression – denjenigen landbewohnender Tiere entsprechen: Hochfrequente Laute gelten im allgemeinen als nicht-aggressiv, pulsierende dagegen als feindlich.

Die Clarks bemerkten auch, daß Glattwale sich mit Hilfe nichtstimmlicher Laute verständigen. Blasgeräusche, die gewöhnlich auftreten, wenn die Wale an der Wasseroberfläche oder knapp darunter kraftvoll durch die Nasenlöcher ausatmen, gelten als Zeichen von Ärger, beispielsweise wenn Delphine um die Wale oder vor ihnen kreisen. Klatschgeräusche entstehen, wenn ein Wal mit den Flossen auf die Wasseroberfläche schlägt, und zeigen offenbar an, daß er erregt ist oder durch einen Vorfall irritiert wurde, etwa durch ein vorbeifahrendes Motorboot. In einer Gruppe von Walen signalisieren solche Geräusche gewöhnlich Aggression gegenüber Gruppenmitgliedern.

Bernd Würsig:
„Das Verhalten von Bartenwalen"

Gedankenreiche Delphine

Eine Reaktion auf die von mir diskutierten allgemeinen Ideen ist, daß „alle diese kleinen Tiere entsprechend dürftige Gedanken haben". Das klingt recht ansprechend, bis uns klar wird, daß unsere Gehirne nicht die größten auf diesem Planeten sind. Wale und Delphine oder Tümmler haben recht große Gehirne; die der größten Wale sind ein paarmal so groß wie unsere. Sowohl in Gefangenschaft als auch unter natürlichen Bedingungen zeigen Waltiere eine eindrucksvolle Wandelbarkeit des Verhaltens, und ein Großteil davon gemahnt noch viel mehr an bewußtes Denken als das von Bibern, Bienen oder Laubenvögeln.

Die technischen Erfordernisse und die finanziellen Kosten der Delphinhaltung in Gefangenschaft sind so gewaltig, daß es erst in den letzten fünfzig Jahren in nennenswerter Weise dazu kam. Der häufig vorkommende Große Tümmler *(Tursiops truncatus)* wurde in spektakulären Vorstellungen zur Unterhaltung der Zuschauer wie auch in vielen wissenschaftlichen Experimenten verwendet, in denen man seine Verhaltens- und Geistesfähigkeiten getestet hat. Man hat Tümmler dressiert, schwierige und amüsante Kunststücke auszuführen, aber mitunter haben diese Tiere eine so gute Auffassungsgabe und sind so erfinderisch, daß sie ihre menschlichen Lehrer zu überlisten scheinen. Zahlreiche Verhaltensweisen der Waltiere wären schwierig zu erklären, wenn man nicht bewußtes Denken und subjektives Fühlen voraussetzt. Ich will hier jedoch nur ein paar davon beschreiben, die mir am vielsagendsten erscheinen. Viele weitere sind in dem Buch „Cetacean Behavior“ zu finden, das L. M. Herman (1980) herausgegeben hat.

Eine der eindrucksvollsten Arten von Unterscheidungsverhalten bei Waltieren, wenngleich nicht nur bei diesen, ist ihre Fähigkeit, andere Tiere zu imitieren. Imitation ist ein Sonderfall von beobachtendem Lernen, aber mitunter ist das Kopieren so schlau, daß es scheint, als denke der Imitator über den Vorgang nach. Herman beschreibt, wie zwei Ethologen, Tayler und Saayman (1978), einen Großen Tümmler beobachteten, der das Verhalten einer Robbe und anderer Tiere nachahmte, die mit ihm zusammen im gleichen Aquarium waren.

„Die nachgeahmten Verhaltensweisen schlossen die Schwimmbewegungen der Robbe, deren Schlafstellung und Komfortverhalten (Sich-Kratzen) ein. Der Tümmler schwamm manchmal wie die Robbe, indem er mit den Vorderextremitäten ruderte und dabei den Schwanz ruhig hielt. In der nachgeahmten Schlafstellung lag er an der Wasseroberfläche auf der Seite, streckte die Vorderextremitäten aus und versuchte, die Schwanzflosse aus dem Wasser zu heben. Die nachgeahmte Komfortbewegung war ein kräftiges Reiben des Bauches mit der Innenseite einer oder beider Vorderextremitäten ... Zum weiteren Nachahmungsverhalten dieses Tümmlers gehörten die charakteristischen Schwimmbewegungen und -haltungen von Wasserschildkröten, Glattrochen und Pinguinen. Ferner versuchte der Tümmler, mit einer Möwenfeder Algen von einem Unterwasserfenster zu entfernen – eine Nachahmung der Tätigkeit eines menschlichen Tauchers, der regelmäßig das Fenster reinigte. Während der Tümmler das Fenster ‚reinigte‘, soll er Laute hervorgebracht haben, die denen des Anforderungsventils vom Regulator der Tauchausrüstung ähnelten. Auch stieß er dabei einen Strom von Bläschen aus, offenbar die von dem Taucher ausgestoßene Luft imitierend. Tayler und Saayman beobachteten auch einen Delphin, wie er mit Hilfe einer Fliesenscherbe Seetang vom Grund des Behälters kratzte, was er offensichtlich einem Taucher abgeschaut hatte, der den Behälter mit einem Saugschlauch gesäubert hatte. Das Kratzverhalten dieses Delphins wurde dann von einem zweiten Delphin nachgeahmt.“ (...)

Keine dieser sehr speziellen Verhaltensweisen wurde bei anderen Exemplaren dieser oder, wie ich annehme, einer anderen Delphinart beobachtet.

Herman beschreibt auch, wie Delphine oft lernen, ein neues und relativ komplexes Verhalten auszuführen, indem sie ein anderes Tier beobachten.

„In einigen Fällen können die Tiere sogar sich selbst etwas beibringen. In einer interessanten Episode, die die Selbstdressur illustriert, war einem Tier der Gruppe beigebracht worden, nach einem herabhängenden Ball zu springen, ihn mit den Zähnen zu fassen und ein Stück weit durchs Wasser zu ziehen, wodurch eine daran befestigte Flagge gehißt wurde. Später hat man dieses Tier aus der Gruppe entfernt und ein zweites Tier angelernt, die gleiche Aufgabe auszuführen. Es lernte aber die Fahne zu

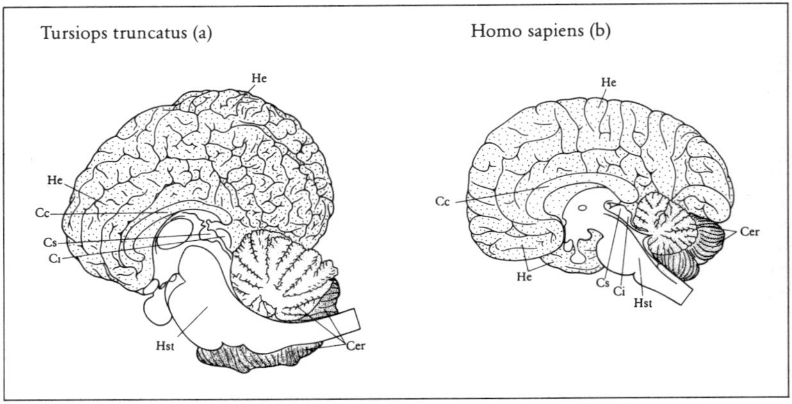

Vergleichende Schnitte durch das Gehirn eines Delphins (a) und eines Menschen (b). He = Endhirnhemisphäre; Hst = Hirnstamm; Cer = Cerebellum (Kleinhirn); Cc = Corpus callosum (Balken); Ci = Colliculus inferior (Hörhügel); Cs = Colliculus superior (Sehhügel). Geruchssinn in (a) reduziert, in (b) unsichtbar.

hissen, indem es wiederholt mit der Schnauze gegen den Ball schlug, anstatt ihn zu ziehen. Als dieses zweite Tier, ein Weibchen, starb, übernahm sofort ein anderes Weibchen aus der Gruppe die Ausführung des Kunststücks, ohne je dressiert worden zu sein, und schlug dabei – wie die Vorgängerin – mit der Schnauze nach dem Ball. Als sich später einmal dieses neue Weibchen zwei Tage lang weigerte, an der Vorstellung teilzunehmen, führte ein junges Männchen aus der Gruppe spontan die Aufgabe aus, ergriff und zog jedoch den Ball mit den Zähnen auf die Weise, wie es das allererste dressierte Tier damals getan hatte.“ (...)

In diesen Fällen fällt es schwer, sich dem Schluß zu entziehen, daß die Tiere, die so viel durch Beobachten ihrer Kumpane lernten und das Kunststück bei erster Gelegenheit so gut ausführten, bewußt über das Beobachtete nachgedacht hatten und sich in allen Einzelheiten daran erinnerten. Karen Pryors Buch „Lads before the Wind“ (1975) beschreibt ihre umfangreiche praktische Arbeit mit gefangenen Delphinen in einem großen Ozeanarium in Hawaii, wo sie den Tieren viele Kunststücke beibrachte, um Zuschauer zu unterhalten. Ihre große Erfahrung brachte sie und ihre Kollegen dazu, ein Experiment zu versuchen, das die meisten Verhaltenswissenschaftler für zu weit hergeholt ansehen würden, um es zu probieren. Sie dressierten einen Rauhzahndelphin *(Steno bredanensis)*, der Hou hieß, viele schwierige Manöver in seinem Bassin durchzuführen, um zur Belohnung Futter zu bekommen.

Zunächst wurde das Tier nur belohnt, wenn es bestimmte Kunststücke ausgeführt hatte, wie etwa einen Rückwärtssalto in der Luft, „Gehen“ vermittels kräftiger, koordinierter Schwanzbewegungen mit einem Teil des Körpers außerhalb des Wassers, oder Schwanzschlagen während des Schwimmens in Rückenlage auf der Oberfläche. Dann wurde ihm das Futter vorenthalten, bis er etwas Neues tat, etwas anderes als alle Kunststücke, die er vorher ausgeführt hatte. Es dauerte eine Weile, bis Hou begriffen hatte, was man von ihm erwartete. Aber nach mehreren Wochen begann er damit, täglich neue Wasser- oder Luftgymnastik-Übungen zu erfinden, um seine Belohnung zu bekommen. Offensichtlich hatte Hou das Konzept der Neuheit gebildet, „etwas, was ich noch nie getan habe“. Auch ein anderer Delphin machte Fortschritte im Produzieren neuartigen Verhaltens (Pryor, Hagg, O'Reilly, 1979).

Damit befinden wir uns nun auf einem Gebiet, wo die gut entwickelten Methoden der experimentellen Psychologie leicht anzuwenden wären. Könnten auch andere Tiere neuartiges Verhalten erfinden, anstatt eine bestimmte Handlung auszuführen, um die rechte Belohnung zu erhalten? Oder besitzen nur Menschen und Delphine eine solche Erfindungsgabe? Wahrscheinlich nicht, denn Pryor und ihre Kollegen dressierten auch eine Taube darauf, jeden Tag ein neues Stück vorzuführen. Das Konzept von „etwas Neuem“ mag in den Fähigkeiten vieler Tiere liegen, aber die Experimentalwissenschaftler haben gerade erst begonnen, Experimente zu entwerfen, die solche Möglichkeiten ergründen könnten.

Die Hochseedelphine im Pazifik sind die unglücklichen Opfer moderner Methoden des Thunfischfangs geworden. Thunfische sind große Raubfische, die in großen Verbänden jagen, und aus unbekannten Gründen vergesellschaften sie sich häufig mit pazifischen Fleckendelphinen wie dem Schlankdelphin *(Stenella attenuata)* und dem Langschnauzendelphin *(Stenella longirostris)*. Neuerdings gelang es Thunfischern, die meisten oder alle Thunfische eines großen Verbandes zu fangen, indem sie nach Ansammlungen dieser Delphine Ausschau hielten, dann in einem Kreis von einigen hundert Metern Durchmesser ein gewaltiges Netz auslegten, das sowohl die Thunfische wie auch die Delphine umschloß, und dieses langsam zuzogen. Als diese Methode entwickelt wurde, hat man unabsichtlich viele Delphine zusammen mit den Thunfischen umgebracht. Nach heftigen Protesten aus der Öffentlichkeit gegen dieses unnötige Gemetzel lernten die Geschickteren der Führer von Fischerbooten, einen Teil des Netzes so fallen zu lassen, daß die Delphine herausschwimmen konnten.

Karen Pryor und einige ihre Kollegen untersuchten das Verhalten von Delphinen, die von einem Thunfischnetz eingeschlossen waren, und fanden mehrere Anzeichen dafür, daß sie gelernt hatten, ihr Verhalten dieser völlig neuen und streßreichen Situation anzupassen. Diese Delphine erkennen die Fischerboote auf Hunderte von Metern und ändern oftmals

Versuche mit in Ozeanarien gehaltenen Tieren liefern wertvolle Informationen über die Lernfähigkeit der Wale. So ist bekannt, daß durch Sichtbarrieren voneinander getrennte Artgenossen sich eine ganze Serie komplizierter, nicht einstudierter Kommandos übermitteln können.

ihr normales Lufthol-Verhalten, wenn sie eins herankommen sehen. Anstatt wie sonst aufzutauchen und mit recht auffälligem Blasen auszuatmen, liegen sie gerade unter der Oberfläche, so daß sich nur das Atemloch außerhalb des Wassers befindet, und atmen somit in einer Weise, die sie dem Ausguck eines Thunfischfängers viel weniger sichtbar macht. Versagt diese Strategie, so schwimmen die Delphine sehr schnell und versuchen offenbar, auf der rechten Seite des Thunfischfängers zu bleiben. Anscheinend haben sie gelernt, daß Kräne und andere Ausrüstungsgegenstände, die zur Handhabung des Netzes nötig sind, sich gewöhnlich auf der linken Seite des Schiffes befinden. Führt keine dieser Taktiken zum Erfolg und finden sich die Delphine von einem Netz umgeben, führen sie sich leicht erregt auf, bleiben aber zur Netzmitte hin ziemlich ruhig. Sie tauchen nicht mehr oder schwimmen blindlings ins Netz, wie sie es anfänglich taten, als diese Art des Fischfangs eingeführt wurde. Normalerweise begegnen diese ausschließlich im offenen Meer lebenden Delphine nie etwas anderem als sich bewegenden Tieren auf hoher See. Der Meeresgrund, die Küste und andere große, solide Gebilde liegen völlig außerhalb ihrer Erfahrung, und infolgedessen war ihr Verhalten gegenüber solchen Dingen wie Fischerbooten und Netzen anfangs ganz unangemessen. Inzwischen haben die meisten Delphine in den Thunfischfanggründen gelernt, wie gefährlich ein sie umgebendes Netz ist. Sie warten, bis das Boot „zurücklegt" und einen Teil des Netzes unter die Wasseroberfläche sinken läßt, wodurch eine kleine Stelle entsteht, durch die sie leicht herausschwimmen können. Der Großteil der Thunfische aber bleibt in größerer Tiefe und entkommt nicht. Wenn die Delphine das „Zurücklege"-Manöver bemerken, schwimmen sie rasch durch die Öffnung. Kurz danach springen viele von ihnen mehrfach aus dem Wasser, als ob sie sich über ihr Entkommen freuten. Diese vielseitigen Änderungen ihres gewöhnlichen Verhaltens zeugen sicher vom Gebrauch ihrer Gehirne, die so groß sind wie ein Menschenhirn.

Von den vielen anderen Beispielen aus dem Verhalten von Waltieren, die an bewußtes Denken gemahnen, will ich nur noch eins anführen. Das ist die gelegentliche Hilfeleistung gegenüber verletzten oder kranken – manchmal sogar toten – Artgenossen, indem man sie zur Wasseroberfläche schiebt oder hebt. Wenn so etwas auch nicht gerade alltäglich ist, wurden solche Hilfeleistungen mehrmals bei gefangenen Delphinen und gelegentlich auch unter natürlichen Umständen beobachtet. Hier liegt wahrscheinlich auch die Erklärung für die seltenen, aber aufsehenerregenden Gelegenheiten, da sich ein menschlicher Schwimmer von unten angehoben findet. In Gefangenschaft hat man beobachtet, daß Delphine, wenn einer von ihnen sichtlich schwächer wird und absinkt, heranschwimmen, ihre Körper unter den des Tieres schieben, das sich in Schwierigkeiten befindet, und es an die Wasseroberfläche heben. Das geschieht auf sehr einsichtige Weise, das heißt, sie schieben nicht irgendeinen Teil des Tierkörpers nach oben, sondern immer die Rückenfläche, wo sich das Atemloch befindet. Sie sind dabei auch wählerisch und helfen Weibchen und Jungtieren viel eher als erwachsenen Männchen, die mitunter auf dem Grund des Bassins belassen werden. Gelegentlich führt dieses Verhalten zu nutzlosen Extremen wie in einem Fall, da eine Mutter ihr totgeborenes Kleines tagelang, bis zur fortgeschrittenen Verwesung, mit sich trug. In einem anderen Fall schleppte ein gefangener Großer Tümmler einen toten Leopardenhai acht Tage lang ohne zu essen mit sich herum und widerstand allen Versuchen des Pflegepersonals, die Leiche zu entfernen. Als das schließlich doch gelang, begann der Tümmler wieder Nahrung zu sich zu nehmen. Wenn die Delphine so große Anstrengungen darauf verwenden, einem anderen Tier zu helfen, müssen sie irgendwelche Gedanken dabei haben. Sicherlich sind ihre Bemühungen mitunter falsch angelegt und schlecht angepaßt. Das totgeborene Junge konnte

Große Tümmler jagen Fische bis auf den Strand, um sie dann zu fangen. Dieses erstaunliche Verhalten wurde nicht nur in Mexiko beobachtet.

nicht zum Leben gebracht werden, und der Hai war allenfalls ein Feind. Aber auch bei Menschen tritt lebhaftes Denken zu Zeiten außerordentlicher Trauer oder Freude auf und kann dann mit Verhaltensweisen einhergehen, die keinem praktischen Zweck dienen.

Delphine zeigen eine so große Wandelbarkeit des Verhaltens unter so verschiedenen Umständen, daß sie sich die Lösungen zu einigen Aufgaben ausdenken müssen, die sie so großartig bewältigen. Experimentelle Wissenschaftler erforschen weiterhin ihre geistigen Kapazitäten, wobei die stärkste Begrenzung in den Schwierigkeiten und Unkosten der Arbeit mit so großen Wassertieren liegt. Trotz der zögernden Zurückhaltung des semantischen Behaviorismus haben selbst die vorsichtigen Wissenschaftler eindrucksvolle Fortschritte in langwierigen Untersuchungen an gefangenen Waltieren unter kontrollierten Bedingungen gemacht. Eine häufige Behinderung liegt darin, daß man der Dressur dieser Tiere zur Zuschauerbelustigung größere Bedeutung beimißt als den Forschungsaufgaben. Wir wollen hoffen, daß das zunehmende Interesse, etwas von den wirklichen Fähigkeiten der Delphine zu erfahren, dazu führt, daß den sorgfältig überwachten Experimenten mehr Zeit gewidmet wird.

Können wir lernen, uns mit Delphinen zu verständigen, und so etwas über ihre Gedanken und Gefühle zu erfahren? Pryor (1975) beschreibt, wie erfahrene Dompteure viele Verhaltensweisen als Anzeichen der Gemütsbewegung und der Absichten ihrer Schützlinge auslegen. Aber es ist schwierig, unsere Begeisterung im Zaum zu halten und Tatsachen von Dichtung zu unterscheiden. Übertriebene und völlig unglaubwürdige Behauptungen wurden darüber verbreitet, wie Tümmler gelernt haben sollen, englische Wörter nachzuahmen und sie mit ähnlicher Bedeutung wie wir zu verwenden. Solche Behauptungen haben den Bestrebungen, sich mit Waltieren zu verständigen, einen unseligen Anstrich von Mystizismus und Sensation gegeben. Trotz dieser Behinderungen sind ernsthafte Bemühungen im Gange, gefangene Delphine zu lehren, sich mit uns in einer Weise zu verständigen, die ihrer Lebensweise und vielleicht auch ihrer natürlichen Denkweise gemäß ist. Wenn diese Bemühungen erfolgreich sind, kann es möglich werden, die Gedanken von Delphinen zu erforschen.

Donald R. Griffin:
„Wie Tiere denken"

Schutz der Wale

Der kommerzielle Walfang hat fast zur Ausrottung oder zumindest zur starken Gefährdung der Walbestände geführt. Obwohl die früher aus Walen hergestellten Produkte mittlerweile durch andere Materialien ersetzt werden können und keines dieser Produkte für uns unersetzbar oder gar lebensnotwendig ist, setzt sich die Walfangindustrie immer noch über weltweite Proteste hinweg. Rund um die Erde gehen Naturschützer gegen das sinnlose Abschlachten der Meeressäuger auf die Barrikaden, bisher mit wenig Erfolg. Aber die Hauptwalfangnationen – an erster Stelle Japan – lassen sich den Wind nicht aus den Segeln nehmen.

Ursprünglich richteten sich die Proteste der Greenpeace-Foundation gegen die Atombombenversuche im Südpazifik, mit dem Erfolg, daß bestimmte Regionen von der französischen Regierung als ungeeignet für nukleare Experimente erklärt wurden. 1975 kündigte Greenpeace den Versuch an, die letzten noch lebenden großen Wale zu retten. Damit erhielt ihre Arbeit eine neue Dimension. Allen Schwierigkeiten zum Trotz gelang es Greenpeace in jahrelanger engagierter Arbeit, durch eine Vielzahl spektakulärer Aktionen das Interesse der Weltöffentlichkeit auf das sinnlose Töten in den Ozeanen der Welt zu lenken und das „heimliche" Treiben der hochtechnisierten schwimmenden Schlachthöfe der Walfangnationen öffentlich anzuprangern. Einen Eindruck von der Arbeit der Greenpeace Leute vermitteln folgende Presseerklärungen neueren Datums.

PRESSEMITTEILUNG · 29.1.1989

Greenpeace-Schlauchboote behindern die japanischen Walfänger
Spektakuläre Aktionen im antarktischen Eismeer

Mit ihrem fünf Meter langen Schlauchboot haben sich Mitglieder der internationalen Umweltschutzorganisation Greenpeace in die Schußbahn zwischen die Harpunenkanone und die Wale manövriert. Trotz der hohen Geschwindigkeit des Walfangbootes und den Attacken der Walfänger, die mit Wasserhochdruckschläuchen versuchten, die Greenpeace-Mannschaft zu vertreiben, gelang es über mehrere Stunden, das Töten weiterer Tiere zu verhindern. Ein Maschinenschaden an einem der Schlauchboote zwang schließlich die Greenpeacer, zu ihrem Expeditionsschiff „MV Gondwana" zurückzukehren. Unmittelbar darauf nahm Kapitän Arne Sorensen mit dem Regenbogenschiff direkt Kurs auf die anderen zwei der insgesamt drei japanischen Harpunenboote, um sie an ihrer illegalen Jagd zu hindern.

Mit dem Expeditionsschiff versuchte Greenpeace den bedrohten Walen Deckung zu geben. In einer dramatischen Verfolgungsjagd, bei der die „MV Gondwana" und die japanischen Harpunenboote manchesmal nur Meter trennten, gelang es der erfahrenen Schiffsbesatzung immer wieder, Wale vor der tödlichen Harpune zu bewahren. Greenpeace konnte die Wilderei aber nicht ganz verhindern, da es sich auf Dauer als unmöglich erwies, zwei Walfangschiffe gleichzeitig unter Kontrolle zu halten. Trotz der erfolgreichen Aktionen fielen etwa 10 Minkewale den Harpunenkanonen zum Opfer, die anschließend auf dem riesigen Fabrikschiff „Nisshun Maru III" für die japanischen Restaurants zerlegt wurden.

Seit fünf Tagen folgt Greenpeace der japanischen Walfangflotte, die zu angeblich wissenschaftlichen Zwecken insgesamt 300 Minkewale in der Antarktis schießen will. Japan verstößt mit dieser Waljagd gegen die Beschlüsse der internationalen Walfangkommission (IWC).

Denn seit 1986 hat die IWC die kommerzielle Waljagd verboten. Rigoros setzt sich Japan jedoch über dieses internationale Fangverbot hinweg und versucht seine kommerziellen Interessen hinter einem wissenschaftlichen Programm zu verstecken. Dieses wissenschaftliche Programm Japans wurde von den Experten der IWC geprüft und als unbrauchbar und unsinnig eingestuft (ebenso wie die Programme Islands und Norwegens, die auch unter dem Deckmantel der Wissenschaft versuchen, ihre kommerzielle Jagd zu verschleiern). 1988 hat schließlich die IWC mit großer Mehrheit Japans Aktivitäten verurteilt und sie zur sofortigen Einstellung des Tötungsprogramms aufgefordert. Die japanische Regierung jedoch ignoriert diese Beschlüsse ebenso wie die weltweiten Proteste von Millionen Menschen (...).

„Wir werden mit allen friedlichen Mitteln, die uns zur Verfügung stehen gegen diese Wilderei hier in der Antarktis weiter kämpfen", so Greenpeace-Expeditionsleiter Peter Wilkinson von Bord der „MV Gondwana". „Jetzt ist es an der Zeit, daß Regierungen, insbesondere der anderen Länder in der IWC, bei der japanischen Regierung protestieren, und, wenn nötig, Wirtschaftssanktionen ergreifen, um die illegale Waljagd endlich zu beenden."

PRESSEMITTEILUNG · 2.2.1989

Greenpeace-Protest am japanischen Konsulat in München: „Stoppt endlich die Walschlächter"

Um 10 Uhr seilten sich heute morgen an der Fassade des japanischen Konsulats in München zwei Greenpeace-Aktivisten ab und entfalten ein großes Transparent: „Stoppt endlich die Walschlächter". Mit dieser Aktion protestiert Greenpeace gegen den fortgesetzten illegalen japanischen Walfang, der zur Zeit hauptsächlich im antarktischen Meer zu lokalisieren ist.

Sowohl mit direkten Aktionen in der Antarktis gegen die japanische Walfangflotte als auch mit weltweiten Protestaktionen versucht Greenpeace, den notwendigen öffentlichen Druck zu erzeugen, um Japan zur Einstellung des illegalen Walfangs zu bewegen.

Seit 1986 hat die Internationale Walfangkommission (IWC) die kommerzielle Walfangjagd verboten. Rigoros setzt sich Japan über dieses internationale Fangverbot hinweg, das zum Schutz der sanften Meeresriesen erlassen wurde. Japan hatte 1988 ein sogenanntes „wissenschaftliches" Fangprogramm bei der IWC angemeldet. Dieses wurde von den Experten der IWC aber als unsinnig und wissenschaftlich überflüssig eingestuft. Im Sommer 1988 verurteilten die Mitgliedstaaten der IWC mehrheitlich das Walfangprogramm Japans und forderten die Regierung zur sofortigen Einstellung auf. Bis heute hat die japanische Regierung diese bindenden Beschlüsse ignoriert. Das Fleisch der geschlachteten Wale wird üblicherweise an japanische Delikateß-Restaurants verkauft. Die vorwiegend kommerziellen Interessen des japanischen Fangprogramms treten damit deutlich zutage.

<u>Von Westerland bis Freiburg: Greenpeace-Aktionstag gegen isländischen Walfang</u>

In mehr als 50 bundesdeutschen Städten veranstaltet die Umweltschutzorganisation Greenpeace am 19. November einen Aktionstag gegen die Fortsetzung des illegalen isländischen Walfangs: mit einem lebensgroßen, aufblasbaren Buckelwal auf einem Alsterdampfer protestiert beispielsweise die Hamburger Greenpeace-Kontaktgruppe gegen die Ausrottung der sanften Meeresriesen. Mit Infoständen, Trauerzügen, Mahnwachen und Transparenten in den Fußgängerzonen der wichtigsten bundesdeutschen Innenstädte setzt Greenpeace seinen jahrelangen Protest gegen den Walfang fort. Seit einem halben Jahr ruft Greenpeace die Verbraucher international zu einem Boykott isländischer Fischereiprodukte auf. Denn der illegale isländische Walfang ist personell, wirtschaftlich und politisch eng mit der isländischen Fischereiindustrie verquickt.

Die ersten Erfolge der Boykottkampagne stellen sich ein: Das deutsche Tengelmann-Unternehmen kündigte Island einen Vertrag über 5 Millionen Mark, die Handelskette Nordsee zog sich aus Verträgen über die Lieferung von Frostfisch im Wert von rund 2 Millionen Mark zurück, andere Handelsunternehmen denken daran, ihre Einkäufe in Island einzuschränken. Das isländische Parlament ist durch diese Entscheidungen erheblich unter Druck geraten und hat bereits Sondersitzungen einberufen. Greenpeace will die bundesdeutschen Verbraucher an diesem Aktionstag noch einmal zum Verbraucherboykott zur Rettung der sanften Meeresriesen aufrufen.

Der isländische Walfang ist nach den Bestimmungen der Internationalen Walfangkommission illegal. Dennoch schlachten die isländischen Harpunenboote weiterhin die vom Aussterben bedrohten Meeressäuger, damit jährlich rund 1000 t Walfleisch im Wert von mehreren Millionen US-Dollar an japanische Delikateß-Restaurants geliefert werden können.

Die Greenpeace-Boykottkampagne hat zu positiven Reaktionen in der isländischen Öffentlichkeit geführt. Zum ersten Mal gibt es in Island selber eine Opposition gegen den Walfang. Offiziell und nicht übersehbar setzen sich heute Bürger aller Bevölkerungsschichten und Politiker in Island für eine Beendigung des Walfangs ein. Seit den letzten Vertragskündigungen durch Tengelmann, Nordsee und das amerikanische Unternehmen Jerrico (im Wert von 9 Millionen US-Dollar) wird die Greenpeace-Kampagne in Island sehr ernst genommen.

Die Dringlichkeit und absolute Notwendigkeit der Arbeit von Greenpeace kommt in den folgenden alarmierenden Ergebnissen der Internationalen Walfangkommission (IWC) zum Ausdruck.

Schreckliche Erkenntnisse der IWC: Wale sind fast ausgerottet

Die optimistischen Prognosen der Pro-Walfang-Länder Island, Japan und Norwegen, insbesondere vom letzten Jahr, in denen gern von großen, wieder erholten Walbeständen gesprochen wurde, sind nicht eingetroffen. Statt dessen zeichnet sich eine katastrophale Situation ab.

Bei Beobachtungsfahrten über 6 Jahre und über 46000 Seemeilen hinweg sichteten Forscher in den südlichen Meeren insgesamt nur 179mal Pottwale, begegneten ihnen 87mal Buckelwale, 27mal Finnwale und nur 22mal Blauwale. Aus diesen Fakten hat die IWC erschreckend niedrige Bestände dieser Großwalarten errechnet: Statt der bisher verkündeten einer Million Pottwale gibt es demnach nur noch 10000 dieser großen Meeressäuger, dazu nur noch 4000 Buckelwale, 2000 Finnwale und 200 bis 1100 Blauwale.

Als die Finnwale Mitte der 70er Jahre unter Schutz gestellt wurden, ging die IWC von ca. 100000 Tieren aus, die die Jagd überlebt haben sollten (von einer ursprünglich geschätzten Population von einer halben Million Tiere). Die heutige „Korrektur" auf 2000 läßt befürchten, daß eine Erholung des Bestandes nicht möglich ist. Das gleiche gilt

Eine Fülle verschiedener Produkte werden insbesondere noch in Japan aus dem Wal gewonnen. Doch alle diese Substanzen können heute durch andere, gleichwertige Materialien ersetzt werden.

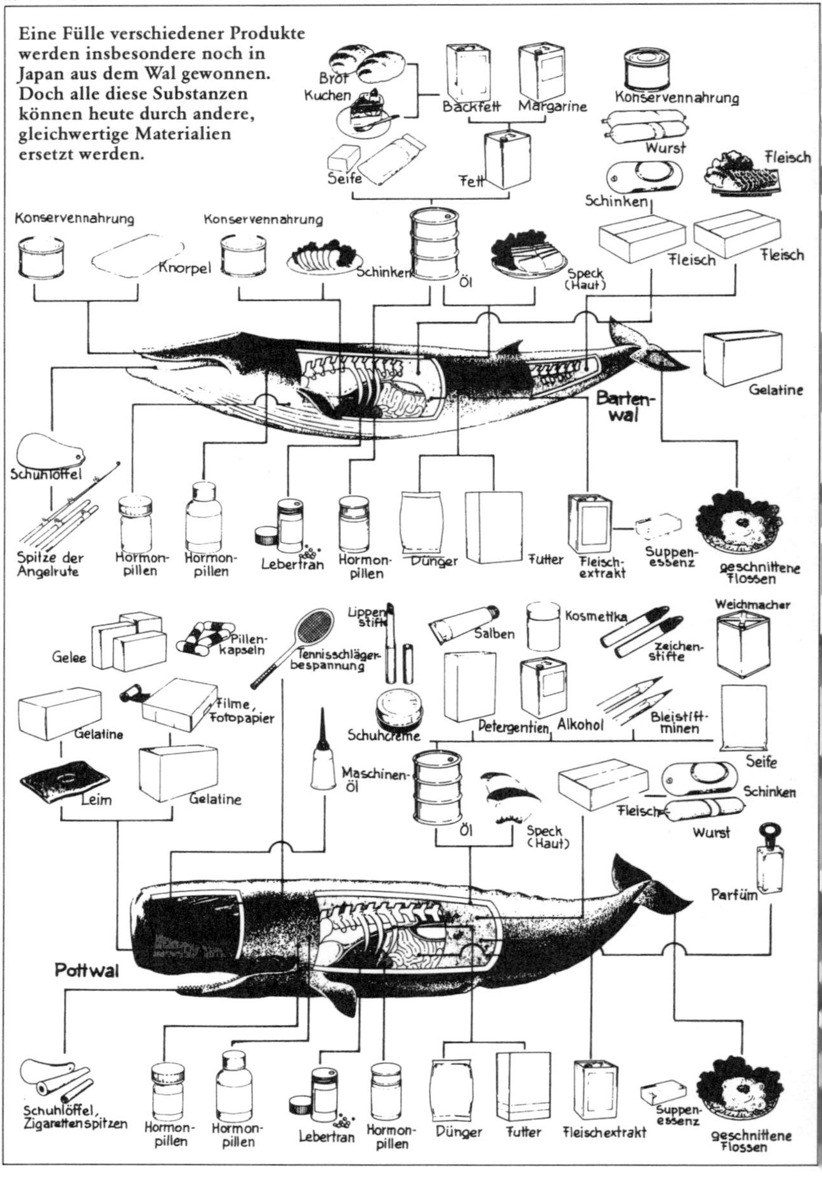

vermutlich auch für Pott-, Blau-und Buckelwale.

Diese alarmierenden Zahlen müßten eigentlich all diejenigen verstummen lassen, die unermüdlich behauptet hatten, daß sich die Wale, seit sie 1985 unter Schutz gestellt wurden, wieder erholt hätten. Dieses Argument wurde in jüngster Vergangenheit vor allem von Japan, Island und Norwegen strapaziert, um wieder kommerziell Wale jagen zu dürfen. Selbst wenn diese Schätzungen um das Doppelte oder Dreifache zu niedrig liegen, ändert es nichts an der Tatsache, daß nur ein kläglicher Rest dieser einst so häufig gesichteten Meeresriesen überlebt hat.

Der antarktische Walfang hat eine größere Verwüstung hinterlassen, als irgend jemand jemals angenommen hat. Von den ursprünglichen Großwal-Beständen sind bereits 95 % ausgerottet. Greenpeace wird alles daransetzen, daß den verbleibenden Walen in den Weltmeeren dieses Schicksal erspart bleibt.

Finn-, Sei- und Minkewale sollen „zu Tode geforscht“ werden

Wieder haben Island, Japan und Norwegen ein angeblich wissenschaftlich notwendiges Programm vorgelegt, bei dem Wale getötet und das Fleisch kommerziell verwertet werden soll. Die Mehrheit der Vertragsstaaten der IWC hat sich klar dagegen ausgesprochen und alle drei Länder aufgefordert, auf die letalen Programme zu verzichten. Von den harpunierten Tieren können keine neuen Daten ermittelt werden, die für eine zukünftige Walfangregelung oder die umfassende Bestandsaufnahme der einzelnen Walarten nötig wären.

Island will in jedem Fall weiter Wale fangen

Spätestens seit der isländische Außenminister Hannibalsson am 12. Juni ’89 verkündet hat, daß Island in jedem Fall zukünftig wieder Wale fangen wird („gleich, ob Hölle oder Sintflut über uns kommt“), steht fest, daß sich der Inselstaat auch zukünftig nicht an die IWC-Bestimmungen halten will. Am gleichen Tag (erster Tag der Konferenz) hat Islands Fischereiminister Halldor Asgrimsson versucht, seine eigentliche Absicht zu verstecken. Asgrimsson teilte mit, daß Island nicht vorhabe, nach 1990 Wale zu wissenschaftlichen Zwecken zu töten. Damit sollte von den Tatsachen abgelenkt werden, daß erstens 1989 noch im Namen der Forschung getötet werden soll, und zweitens Island anscheinend alles daransetzt, danach wieder industriell Wale zu jagen.

In einer Resolution dazu (Mehrheitsentscheidung) hat die IWC Island aufgefordert, auf keinen Fall Seiwale zu schießen und das letale Programm insgesamt nochmals zu überdenken. Daraufhin nutzte die isländische Delegation (nach eigenen Angaben) die folgende Mittagspause zum Überdenken.

Aber zu einer Änderung in ihrer Haltung hat dies nicht geführt. Zwar verzichtet Island auf die Jagd nach Seiwalen, von denen 1988 zehn getötet wurden, will aber (wie 1988) 68 Finnwale zum Abschuß freigeben.

Greenpeace-Mitarbeiter Mike Healy fährt in die Schußlinie eines Harpunenboots.

Zum dritten Mal hat die Internationale Walfangkommission nun Islands Tötungsprogramm verurteilt, aber trotzdem wurden 295 Großwale abgeschossen und das Fleisch an japanische Restaurants geliefert. Um den großen Bartenwalen im Nordatlantik eine Chance zu geben (die hoffentlich noch nicht zu spät kommt), dem Schicksal der Artgenossen in den südlichen Meeren zu entgehen, müssen die IWC-Vertragsstaaten notfalls mit Wirtschaftssanktionen Island zur Einhaltung der Schutzbestimmungen zwingen.

Japans Regierung erpreßt die IWC mit der Jagd auf Delphine

Die japanische Delegation, die ebenfalls keinen Hehl daraus gemacht hat, die kommerzielle Jagd in Zukunft wieder in großem Stil aufnehmen zu wollen, plant den „wissenschaftlichen" Abschuß von 400 und die kommerzielle Jagd auf 320 Minkewale.

In einer IWC-Resolution wurden auch die Japaner aufgefordert, kein Tier zu töten. Trotz mehrerer eindeutiger Verurteilungen in den letzten Jahren wollen Japans Walfänger fast doppelt so viele Minkewale schießen wie in den vergangen zwei Jahren.

Und es kommt noch schlimmer. Japan will eine neue Kategorie des Walfangs einführen: Neben der bisher festgelegten Einteilung in kommerziellen und traditionellen Walfang beantragte die Regierung für ihre Küstengemeinden den „Kleinen Küstenwalfang". Da eine solche Kategorie aber nichts anderes als die Wiederaufnahme des kommerziellen Walfangs in den Küstenregionen bedeutet, gibt es für diese Pläne keine Mehrheit in der IWC. Die Japaner drohen damit, erheblich mehr Kleinwale (Delphine und Schweinswale) zu fangen, wenn die IWC nicht die Jagd auf größere erlaubt. Damit versucht die japanische Delegation, das internationale Gremium zum Unterlaufen des Walfangmoratoriums zu erpressen. Was die Japaner damit real meinen, zeigen sie bereits: Sie erhöhten die Jagd auf Schweinswale (Kleine Tümmler) von 20 000 auf 39 000 pro Jahr.

Obwohl die Jagd auf Kleinwale in den letzten Jahren stetig zugenommen und weltweit immer bedenklichere Ausmaße angenommen hat, hält sich die IWC aus diesem Problem heraus. Die Walfangländer stellen sich bislang erfolgreich dagegen, daß die IWC auch die kleineren Wal-Spezies schützt.

Norwegen will in Zukunft wieder 300 Minkewale schießen

Die Norweger folgen der harten Linie von Island und Japan. Sie wollen ab 1990 aus „wissenschaftlichen" Gründen 300 Minkewale pro Jahr schießen. Die geringe Zahl von 20 getöteten Walen im Jahr 1989 kann dabei nicht darüber hinwegtäuschen, daß auch die norwegische Regierung aus kurzfristiger Profitgier heraus die Wale der Nordhalbkugel ihrer möglichen Ausrottung preisgibt.

Die Zukunft der Wale sieht nicht rosig aus

1990 ist das Jahr, in dem sich die IWC die Aufgabe gestellt hat, eine umfassende Bestandsaufnahme der weltweiten Walbestände vorzulegen. Gleichzeitig sollen neue Modelle diskutiert werden, wie die kommerzielle Waljagd betrieben werden kann, ohne die einzelnen Arten zu gefährden. Die Walfangnationen möchten, daß die IWC das Walfangmoratorium zumindest teilweise wieder aufhebt. Japan, Island und Norwegen haben sich nicht ein einziges Jahr an das 1985 in Kraft getretene Walfangverbot gehalten.

Die erschreckend niedrigen Zahlen aus den Südmeeren beweisen, daß die Wale von diesem Globus bald verschwunden sein werden, spätestens dann, wenn die kommerzielle Jagd wieder aufgenommen würde. Dies zu verhindern liegt in den Händen der IWC, also der Regierungen der Mitgliedstaaten. Ihr Votum für oder gegen die vom Aussterben bedrohten Wale wird zeigen, ob sie es ernst mit ihren Artenschutz-Verlautbarungen meinen.

Obwohl bereits erste Teilerfolge der Tierschützer weltweit zu verbuchen sind, ist der Kampf gegen Ignoranz und Profitgier noch lange nicht gewonnen. Erst 1981 trat ein Handelsverbotabkommen für Walprodukte in Kraft, dem sich 80 Länder anschlossen. Seit dem 1.1.1982 ist nebem dem Washingtoner Artenschutzabkommen (IWA) ein weiteres Gesetz in Kraft, das den Ausverkauf der Wale stoppen soll – ein EG-Handelsverbot, das für alle Wale gilt, auch für die, die noch nicht auf Anhang 1 des IWA rangieren, sondern nur auf Anhang 2, welche also unter IWA-Richtlinien noch mit einer Sondereinfuhrgenehmigung ins Land dürfen. Dazu gehören beispielsweise die Produkte des Zwerg- und Minkewals. Wie genau diese Gesetze allerdings eingehalten werden, steht auf einem anderen Blatt. Eine weltweite strenge Kontrolle der Walfänger und des Marktes und die Durchsetzung eines absoluten Fangverbotes ist daher nach wie vor von größter Dringlichkeit.

Veröffentlichungen der Organisation Greenpeace

Madeira

Alle reden vom Naturschutz ... Eine kleine Insel im Nordatlantik macht's vor: Madeira. Nachdem in den Gewässern des Archipels Walfänger in nur 40 Jahren 5 885 Wale, hauptsächlich die großen Pottwale, abgeschlachtet haben, haben die „Killer" endgültig die Segel gestrichen. Statt Moby Dick und Co. weiterhin mit Handharpune und Lanze nach dem Leben zu trachten, setzen sich Ex-Kommandant Eleuterio Reis und seine Mannen jetzt für das Überleben der vom Aussterben bedrohten Meeressäugetiere ein.

Daß ausgerechnet die Madeirenser eine Harpune für die Wale brechen, kommt nicht ganz von ungefähr. Petra Deimer, Meeresbiologin und Vorsitzende der in Hamburg ansässigen „Gesellschaft zum Schutz der Meeressäugetiere" (GSM) hat der portugiesisch-autonomen Regierung ein bislang einmaliges Konzept vorgelegt: Die Schaffung eines „Nationalpark Meeressäugetiere". „Das bedeutet", so Petra Deimer, „Schutz in einem über 200 000 km² großen Gebiet für die gefährdeten Arten wie Pottwal, Finnwal, Buckelwal und Seiwal, etliche Delphine, die die Walfänger gern als Fleischlieferanten mitnahmen, und die extrem vom Aussterben bedrohte Mönchsrobbe."

Fast müßig zu erwähnen, daß von einem solchen Biotopschutz auch Abertausende anderer Arten profitieren wie Seevögel, Fische, und und und ... Aber auch die Insulaner, die insbesondere von rund einer halben Million Touristen pro Jahr leben, machen sich mit soviel Umweltbewußtsein sicher eher Freunde als Feinde.

Als Sitz für BIOS (Associação para a Protecção da Natureza), die auf Madeira gegründete Umweltschutzorganisation, soll ein Walfangmuseum eingerichtet werden. In dessen Gemäuern werden Touristen und Wissenschaftler, Schüler und andere Interessierte in naher Zukunft eine wahre Fundgrube für historischen und angewandten Walfang, für die Biologie des Meeres und seiner Bewohner, insbesondere der Wale, finden. Schon jetzt ist ein Halbmodell eines 13 m langen Pottwals aus Fiberglas entstanden, das im Winter 1989/90 in Canical, dem ehemaligen Walfangdorf, aufgestellt wird.

Nicht zuletzt weil eine solche Umstellung – vom Nutz zum Schutz –

Diese Fotografien von Walen – aufgenommen in freier Wildbahn – beweisen, daß die Erforschung der Wale in ihrem natürlichen Lebensraum durchaus möglich ist. Damit existiert keinerlei Rechtfertigung mehr für den sogenannten „Walfang zu wissenschaftlichen Zwecken“.

freilich Geld kostet, ist kurzentschlossen auch der „Internationale Tierschutz-Fonds" (IFAW) auf Anfrage der GSM mit in das Projekt eingestiegen. IFAW-Chef Brian Davies kam, sah und spendierte 10 Mio. Escudos (etwa 200 000 DM), z. B. um dem Museum eine Starthilfe zu geben, aber auch, um soziale Probleme lösen zu helfen sowie ein Funktionieren des „Nationalpark Meeressäugetiere" zu garantieren. So werden beispielsweise Walfänger nicht brotlos, sondern wie eh und je von Hand Harpunen schmieden – allerdings als Souvenirs und nicht als Mordwerkzeuge. Sie werden weiterhin Fangboote zimmern – aber im Format von handlichen Modellschiffen. Andere wiederum sollen ganz wie in den alten Zeiten auf den Desertas, einer nahegelegenen kleinen, unbewohnten Inselgruppe vor der Hauptinsel Madeira, Wache schieben. Nur suchen sie nicht länger den Meeresspiegel nach Pottwalen ab, sondern achten darauf, daß Fischerboote den geschützten „Wüsteninseln" fernbleiben. Damit die seltene Mönchsrobbe hier noch eine Kinderstube hat.

Wichtiger Bestandteil des gesamten Projekts ist besserer Schutz für diese Inselgruppe, vor deren Küste Fischer immer wieder zu verbotenem Dynamit gegriffen hatten, um ihre kargen Tageserträge aufzubessern. Daß sie mit den letzten Mönchsrobben auch sich selbst um ihre Existenz zu bringen drohten, wollten sie nie begreifen. Anläßlich eines Mönchsrobben-Expertentreffens vom September 1989 hat die Regierung jetzt ca. 50 % der Inselgruppe unter totalen Schutz gestellt. Das Motto: Betreten verboten – für jedermann, ob Tourist, Fotograf oder Fischer. Damit das Gesetz auch hält, was es verspricht, wird die Region von drei jungen Männern ständig überwacht.

Nur noch acht Mönchsrobben konnte die letzte „Volkszählung" dieser an warme Regionen angepaßten Art ermitteln. Dennoch hat „Lobo do mar", der Meerwolf, wie die Madeirenser diesen Meeressäuger nennen, der vor Besiedlung der Hauptinsel durch die Portugiesen im 14. Jahrhundert auch in den Buchten Madeiras heimisch war, vor den Desertas eine Überlebenschance. Das Meer hat viele Grotten in das felsige Gestein genagt, die diesem urtümlichen „Flossenfüßer" geeignete Schlafhöhlen bieten.

Die Situation dieses wenig scheuen Seehundes gleicht weltweit einer Katastrophe: Die Karibische Mönchsrobbe wurde wohl schon in den 50er Jahren für ihren Speck und ihr Leder ausgerottet. Um die Verwandten vor Hawaii ist es nicht viel besser bestellt. Und in Mittelmeer plus Atlantik leben vielleicht noch um 200 bis 500 dieser Tiere. Nicht zuletzt für dieses Robbenvölkchen lohnt jede Mühe um einen Nationalpark Meeressäugetiere.

Immerhin gibt es in dem im Naturschutz vorbildlichen Israel ein Schutzgebiet für Mönchsrobben – aber nicht ein einziges dieser Tiere.

Den Anfang vom Ende des madeirensischen Walfangs machte ein Antrag der GSM, anläßlich der 3. Vertragsstaatenkonferenz zum Washingtoner Artenschutzübereinkommen (WA) von 1981 in Neu Delhi, alle Pott-, Finn- und Seiwale auf

Anhang 1 des WA zu setzen. Der Antrag wurde nicht nur von der bundesdeutschen Regierung – damals unter Landwirtschaftsminister J. Ertl – akzeptiert, sondern auch international mit überwältigender Mehrheit angenommen.

Damit hatte sich zugleich die Bundesrepublik Deutschland, bislang als Industrie- und Verbraucherstaat weit und breit verhaßt, erstmalig pro Artenschutz „gemausert". Bis vor der GSM-Kampagne, die ursprünglich nur gegen den Import von Walprodukten in die Bundesrepublik Deutschland gerichtet war, galt unser Land noch als Importeur Nr. 1 von Europa für Walöl.

Da Portugal Mitgliedstaat des WA ist und – anders als Japan, die UdSSR und Norwegen – keinen Vorbehalt gegen den Entscheid einlegt, trat das Gesetz auch für Madeira im Juni 1981 in kraft: Pottwalprodukte wie Öl oder gravierte Zähne durften nicht länger exportiert werden.

Obwohl Portugal zu der Zeit noch ein nationales Gesetz besaß, das den autonomen Inselgruppen von Madeira und den Azoren das Töten von Meeressäugern (außer der Mönchsrobbe) durch eine Ausnahmeregelung der Gesetzgebung für das Festland gestattete, „warf man auf Madeira doch das Handtuch". Die Produkte waren stets für den Export bestimmt, und genießbar ist Pottwalfleisch für menschlichen Verzehr auch nicht. Allenfalls ein paar kleine Partien können gegessen werden, obwohl nicht einmal steunende Hunde das Zeug anrühren. Daß die Söhne Nippons immer wieder auf den Pottwal als Nahrungsmittel hinweisen, kann eigentlich nur ein mehr oder weniger dickfelliger Trick sein. Das Vorbild: Aboriginal whaling, unter dessen faulem Vorwand die Eingeborenen Alaskas weiterhin Grönlandwale und die Grönländer Buckelwale abknallen dürfen – ungeachtet der nackten Tatsache, daß es sich hierbei um extrem bedrohte Populationen handelt...

Gemeinsam mit BIOS (der madeirensischen Naturschutzgesellschaft zur Erhaltung von Fauna und Flora) sowie dem „International Fund for Animal Welfare" (IFAW) versuchen wir nun, auch die Menschen auf den Azoren von unserer Nationalpark-Idee zu überzeugen. Erste Anzeichen sind nicht zu übersehen. Der Manager der letzten Walfangmannschaft: „Vielleicht habt Ihr ja recht." Wir jedenfalls werden nicht aufgeben. Und die Gesetze, sofern sie jemand beachtet, sind mit uns. Zwar wurden von der Insel Pico aus 1987 einmal wieder 3 Pottwalmännchen getötet, doch kam es danach wieder zum „Waffenstillstand". Mögen sich die Azoreaner doch endlich auch zu einem Nationalpark für Meeressäugetiere entschließen. Und mit ihnen die Kanarischen Inseln. Damit wäre ein großes Gebiet im nördlichen Atlantik harpunensicher...

Petra Deimer

Wale in der Literatur

Seit Menschengedenken haben die großen Meeressäuger die Menschen fasziniert. Was von dieser Faszination in die Literatur einfloß, gründete sich oft auf phantastische Geschichten über wilde Seeungeheuer. Erst vor etwa 200 Jahren begannen die Schriftsteller, im Wal nicht mehr ein unheimliches Fabeltier zu sehen, sondern ein mächtiges Tier, vor dem sie Respekt hatten.

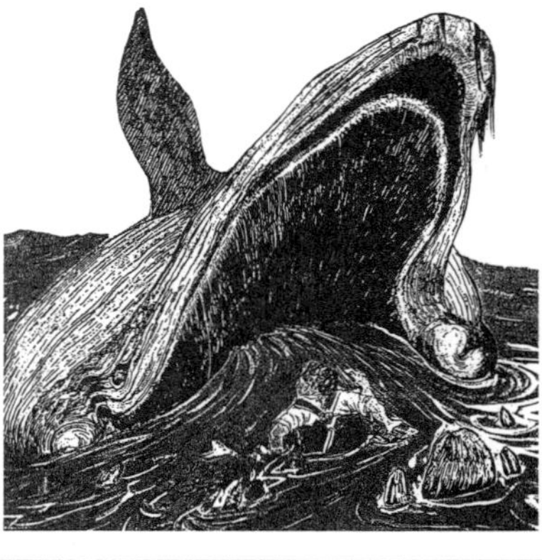

Und was auch immer von außen in das Chaos im Maule dieses Ungetüms hineingerät, sei es Tier, Boot oder Stein, unaufhaltsam fährt es den ekeln Schlund hinab und kommt um in des Wanstes bodenlosem Abgrund.

Plutarch, „Moralia", nach der Übersetzung von Holland

Das Indische Meer erzeugt die meisten und größten Fische, die es gibt, darunter die Walfische, jene Seeungeheuer, die Balæne genannt werden und so lang sind wie vier Acker Landes.

Plinius nach der Übersetzung von Holland

Kaum waren wir zwei Tage auf See gefahren, da erschien bei Sonnenaufgang eine große Anzahl Walfische und andere Seeungetüme. Unter den ersteren war einer von ganz ungeheurer Größe. – Der kam mit offenem Rachen auf uns zu, wühlte allenthalben die Wellen auf und schlug vor sich her das Meer zu Schaum.

Lukian nach Übersetzung von Tooke, „Die wahre Weltgeschichte"

Er kam aber ebenfalls nach England, um dort Walrosse zu fangen. Von den Zähnen dieser Tiere, die aus wertvollem Bein bestehen, brachte er dem König einige mit. – Die besten Wale wurden dagegen in seinem Vaterlande gefangen, manche von 96, manche von 100 Ellen Länge. Er sagte, er sei einer von den sechsen, die in zwei Tagen sechzig Wale erschlagen hätten.

Niederschrift König Alfreds nach dem mündlichen Bericht Others oder Octhers A. D. 890

Kein Tränklein heilt, so er nicht
wiederkehrt
zu jedem Schützen, der mit
Schelmenhand
abschoß den Pfeil, der ihm die Brust
versehrt,
da nun ihn zehrt erbarmungsloser
Brand –
gleichwie der wunde Wal dem Meer
entfleucht zum Strand.

Spencer, „The Fairie Queen"

Riesenhaft wie Walfische, deren mächtige Leiber bei friedlicher Windstille das Meer bis zum Brodeln aufrühren können.

Sir William Davenant, Vorwort zu „Gondibert"

Was Walrat sei, kann ich nicht sagen, da sogar der gelehrte Hosmannus nach dreißigjähriger Forschung in seinem Werk offen bekennt: „Nescio quid sit."

Sir T. Browne, „Vom Walrat und vom Pottfisch", siehe sein „Treatise on Vulgar Errors"

Wie Spencers Talus seine Keule
schwingt,
mit wucht'gem Schwanz er rings
Verderben bringt.
Ein Wald von Piken stak ihm in den
Flanken,
im Rücken sahn wir unsre Spieße
schwanken.

Waller, „Schlacht bei den Sommer-Inseln"

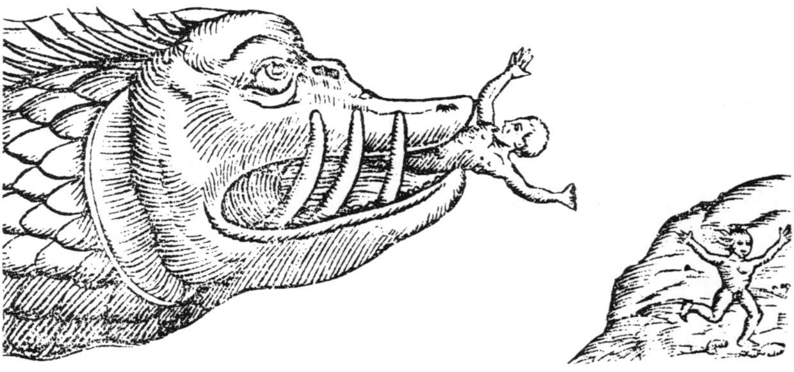

Zum Riesen
Vor allen Tieren, die in Meeresfluten sich tummeln, schuf der Herr den Leviathan.

Milton, „Paradise Lost"

Dort in der Tiefe
schläft wie ein Vorgebirge hingestreckt
der Größte der Lebend'gen,
Leviathan,
und schwimmt er, ist's wie treibend Land.
In seine Kiemen strömt ein Meer,
das jäh
mit seinem Odem in die Lüfte sprüht.

Ebenda

Von der Elbe aus stachen wir bei NO-Wind an Bord der „Jonas-im-Walfisch" in See...
Einige behaupten, der Walfisch könnte das Maul nicht aufmachen, aber das ist eine Fabel...
Häufig steigen sie auf den Mast, um nach Walfischen auszuschauen, denn wer zuerst einen sieht, der bekommt einen Dukaten für seine Mühe...
Bei den Shetlandinseln sollen sie einen Walfisch gefangen haben, der mehr als ein Faß Heringe im Bauch hatte...
Einer von unsern Harpunieren erzählte mir, bei Spitzbergen habe er einmal einen Walfisch erlegt, der sei ganz weiß gewesen.

„Eine Reise nach Grönland A. D. 1671", Sammlung Harris

Hier in Fife sind mehrere Walfische gestandet, Anno 1652 ein achtzig Fuß langer von der Fischbein-Sorte, der (wie ich hörte) außer einer ansehnlichen Menge Öl 500 Weight Fischbein abgeworfen haben soll. Seine Kiefer stehen als Gartentor in Pitferren.

Sibbald, „Fife und Kinross"

Ich sagte, ich wolle selber versuchen, ob ich wohl möchte des Sperma-Ceti-Wals Herr werden und ihn zur Strecke bringen, sintemal mir noch irgend zu Ohren gekommen, daß solcher Wal sei von Menschen erlegt wor den, so bös ist er und so schnell.

Richard Strafford,
Brief von den Bermuda-Inseln
Textkritische Übersetzung A. D. 1668

Am Nachmittag erblickten wir etwas, was wir für einen Felsen hielten, doch erwies es sich als ein toter Walfisch, den ein paar Asiaten erlegt hatten und nun an Land schleppten. Es war uns, als suchten sie sich hinter dem Walfisch zu verstecken, um nicht von uns gesehen zu werden.

Cook, „Reisen"

Der Spermaceti-Wal der Nantuckois ist ein kampflustiges Raubtier, das an die Geschicklichkeit und Kühnheit des Jägers die größten Ansprüche stellt.

Thomas Jefferson, Denkschrift über den Wal an den französischen Minister 1778

Ich baute ein Häuschen für Susanne und mich und setzte ein Tor in der Form eines gotischen Spitzbogens davor: die Kieferknochen eines Wals.

Hawthorne, „Twice-Told Tales"

Sie kam, um mit mir wegen eines Grabsteins für den Mann ihrer ersten Liebe zu sprechen, der vor nicht weniger als vierzig Jahren von einem Walfisch im Pazifik ums Leben gebracht worden war.

Ebenda

Es kommen verschiedene Zeitungen, und wir sehen in den Berliner Theaternachrichten, daß man Walfische auf die dortige Bühne gebracht.

Eckermann, Gespräche mit Goethe

Durch die Qualen, die ihm diese erneuten Angriffe bereiten, zur Raserei gebracht, wälzt sich der wütende Pottwal von einer Seite zur andern, hebt den riesigen Kopf aus dem Wasser und beißt mit weit aufgesperrtem Rachen um sich. Mit dem Kopf stürmt er gegen die Boote an, daß sie in wilder Jagd vor ihm herfliegen und mitunter völlig zertrümmert werden ...
Höchst erstaunlich ist es, daß ein so merkwürdiges und vom wirtschaftlichen Gesichtspunkt aus wichtiges Tier (wie der Pottwal) bisher in seinen Lebensgewohnheiten derart unzureichend beobachtet worden ist und bei den zahlreichen und vielfach sachverständigen Reisenden, die in jüngster Zeit häufig und bequem Gelegenheit hatten, ihm zuzuschauen, so wenig Interesse erregt hat.

Thomas Beale,
„Geschichte des Pottwals", 1839

Einmal sah ich zwei von diesen Ungetümen (Walen), wahrscheinlich ein männliches und ein weibliches Tier, weniger als einen Steinwurf von der buchenbestandenen (feuerländischen) Küste entfernt, langsam hintereinander herschwimmen.

Darwin,
„Seereise eines Naturforschers"

James Fenimore Cooper (1789–1851), Autor des „Lederstrumpfs“ und anderer Romane, war der bekannteste amerikanische Schriftsteller seiner Zeit. Cooper, der bei der Marine Erfahrungen mit dem Meer und den Seeleuten gemacht hatte, beschäftigte sich in seinem Roman „Der Lotse“ mit dem Walfang, als dieser für die amerikanische Nation noch elementare wirtschaftliche Bedeutung hatte.

Die Bewegung der Ruder glich dem Arbeiten einer wohlgeregelten Maschine, und das leichte Boot schwamm über dem Wasser hin wie eine Ente, welche dicht am Rande eines gefährlichen Abgrundes im entscheidenden Augenblicke plötzlich und scheinbar ohne Anstrengung umwendet. Während dieser notwendigen Bewegung war Barnstable aufgestanden und bewachte die Klippen mit scharfem Blick, doch bald wandte er sich, getäuscht von seiner Untersuchung, wieder ab.

„Rudert nur mehr vom Lande weg“, befahl er endlich, „und laßt das Boot gemächlich dem Schoner zutreiben. Behaltet hier die Klippen wohl im Auge, ihr Jungen; vielleicht sind sie dort in einer der Höhlen zwischen den Felsen geborgen, denn ihr Geschäft taugt nicht fürs Tageslicht.“

Der Befehl wurde pünktlich vollzogen, und so glitten sie fast eine Meile im tiefsten Schweigen auf den Gewässern dahin. Plötzlich wurde die Stille durch ein starkes Rauschen in der Luft und ein Schlagen ins Wasser nicht weit von ihnen unterbrochen.

„Beim Himmel, Tom!“ rief Barnstable auffahrend. „Das ist ja der Schlag eines Walfisches.“

„Ja, ja, Sir“, antwortete der Schaluppenführer mit seiner unerschütterlichen Ruhe; „dort drüben, nicht ganz eine halbe Meile seewärts, spritzt er sein Wasser; der gestrige Sturm hat das Tier leewärts getrieben, und jetzt merkt er allmählich, daß es sich in seichtem Wasser befindet. Das Ungetüm hat wohl, statt tüchtig gegen den Wind zu arbeiten, während des gestrigen Sturmes geschlafen!“

„Der Bursche ist übrigens ganz ruhig bei der Sache; es eilt ihm gar nicht, die offene See wiederzugewinnen.“

„Ich glaube eher, Sir“, erwiderte der Schaluppenführer, indem er seinen Tabak höchst gelassen im Munde hin- und herrollte, wobei seine kleinen eingesunkenen Augen vor Entzücken zu funkeln begannen, „der saubere Herr hat seinen Weg verloren und weiß jetzt nicht, wie er wieder in die blaue Flut zurückkommen soll.“

„Es ist ein Finnfisch!“ rief der Leutnant, „der wird bald mit dem Kopf gerad’aus und dann auf und davon sein!“

„Nein, Sir, ’s ist ein rechter Walfisch“, antwortete Tom, „ich habe ja seinen Wasserstrahl gesehen; er spritzte ein paar so schöne Regenbogen von sich, wie nur ein Christenmensch sie zu sehen wünschen kann. O, ’s ist ’ne wahre Tranbutte, der Bursche!“

Barnstable lachte und wandte sich von dem verführerischen Anblicke ab, indem er sich zwang, die frühere Beobachtung der Klippen wieder aufzunehmen; bald aber waren seine verlangenden Blicke aufs neue nach dem trägen Tiere gerichtet, das in munteren Sprüngen seinen unge-

Bei den Nordwestküsten-Indianern British Columbias wurde der Schwertwal (Orca) als Träger göttlicher Kräfte angesehen. Diese Tatsache findet bis in die Gegenwart ihren Ausdruck in zahlreichen Kunstwerken. Die Abbildung zeigt die Giebelseite eines Kulturzentrums der Kwakiutl-Indianer in Alert Bay, nördlich von Vancouver Island.

heuren Leib von Zeit zu Zeit viele Fuß hoch über das Wasser emporwarf. (...) Indem sie nun auf ihre Beute losruderten, erhob sich der lange Tom aus seiner zusammengekrümmten Stellung im Hinterteile des Boots und schob seine ungeheure Gestalt nach dem Vorderteile, wo er alle nötigen Vorkehrungen traf, um bei der ersten Gelegenheit seine Harpune nach dem Walfische auszuwerfen. Die Tonne, welche ungefähr die Hälfte einer Walfischleine enthielt, wurde zu Barnstables Füßen niedergelegt; dieser hatte einstweilen ein kleines Ruder zur Hand genommen und das Steuerruder losmachen lassen, um das Boot, während es auf der Stelle stand, im Notfalle augenblicklich umwenden zu können. Das Ungeheuer der Tiefe merkte nicht das geringste von ihrer Annäherung, sondern fuhr fort, sich mit Emporwerfen seiner hohen, kreisförmigen Wasserstrahlen zu belustigen oder auch gelegentlich die breiten Flossen seines Schweifs in graziöser Bewegung, aber mit furchtbarer Gewalt in die Luft zu schleudern. Erst, als die kühnen Matrosen nur noch wenige hundert Fuß von ihm entfernt waren, tauchte das Tier mit dem Kopfe plötzlich unter, hob den riesigen Körper ohne scheinbare Anstrengung viele Fuß hoch über das Wasser empor und warf seinen Schwanz mit einem gewaltigen, zischenden Geräusche umher, das dem Brausen des Sturmwindes vollkommen ähnlich war.

James F. Cooper: *„Der Lotse“*

In der hier zitierten Passage aus dem 1870 geschriebenen Roman „Die geheimnisvolle Insel" des französischen Romanciers Jules Verne (1828–1905) wird ein angeschossener Wal an die Küste getrieben. Jules Verne beschreibt nüchtern und genau, wie die Küstenbewohner an die Verwertung des Tieres herangehen und wozu die einzelnen Körperteile des Wals Verwendung finden.

Der 1. Mai war für alle Siedler, die sich bis dahin schon weitgehend spezialisiert hatten, ein Tag gemeinsamer Arbeit. Seit ein paar Tagen schwamm ein riesiger Wal in den Gewässern rund um die Insel und kam bis auf ein paar Kilometer an die Küste heran.

„Wenn wir nur ein Boot hätten!" rief Pencroff. „Und eine Harpune!"

„Ich würde Sie ganz gern einmal sehen", sagte der Reporter, „wie Sie sich benehmen würden, Auge in Auge mit einem Wal."

„Denken wir nicht daran", meinte Cyrus Smith, „es hat ja doch keinen Zweck."

„Was sucht der Wal eigentlich in so hohen Breiten?" fragte der Reporter.

„Aber Herr Spilett", rief Harbert, „wissen Sie nicht, daß diese Gegend das ideale Walfanggelände ist und bei uns zu Hause *whale-field* heißt?"

Pencroff ging mit saurem Gesicht wieder an die Arbeit. Er war doch zu sehr Fischer, um in der Gegenwart einer solchen Kapitalbeute ganz ruhig zu bleiben, zumal die Lustgefühle des Fischers proportional mit der Größe der Beute wachsen. Außerdem hätte man einen Riesenvorrat an Fett, Öl und Fischbein sehr gut brauchen können.

Der Wal verschwand nicht aus dem Blickfeld der Siedler. Er schwamm zwischen Südkiefer- und Krallenkap hin und her, seine riesige Schwanzflosse trieb ihn mit einer Geschwindigkeit von 20 Stundenkilometer durch die Unionsbai. Wenn er in die Nähe der Küste kam, war er mit seiner schwarzen Haut und dem platten Kopf einwandfrei als Südseewal zu erkennen.

Man sah auch, wie er durch seine Luftlöcher mächtige Fontänen ausstieß. Ob das Dampf war oder nur Wasser, wußten weder die Walfänger

noch selbst die Naturwissenschaftler. Neuere Theorien behaupten, die Wale stießen Dampfwolken aus, die sich in der kalten Luft verdichteten und als Regen niederfielen.

Solange der Wal vor der Küste kreuzte, konnte sich der Seemann nicht konzentrieren. Sogar im Traum sprach er über den Wal und entwarf phantastische Pläne, wie man ihn fangen könnte.

Pencroff war gerade auf der Werft, und Spilett und Harbert wollten eben zur Jagd aufbrechen, da rief Nab vom Küchenfenster herunter, der Wal sei gelandet. Die Jäger ließen ihre Gewehre stehen, und Pencroff fiel das Beil aus der Hand: der Riesenwal gestrandet? Sofort stürzten sie zur Treibgutspitze, wo der Wal tatsächlich auf dem Sand lag. Es war Flut, die Siedler wollten ihm so schnell wie möglich den Rückzug abschneiden. Mit Speeren und Stöcken bewaffnet kamen sie 20 Minuten später bei dem Riesensäuger an, über dem schon ganze Vogelschwärme kreisten.

Der Wal war etwa 25 Meter lang und wog sicher nicht weniger als 75 Tonnen. Obwohl er noch halb im Wasser lag, unternahm er keinerlei Fluchtversuche, sondern lag ganz still da. Er war nämlich tot, und in einer Seite steckte eine Harpune.

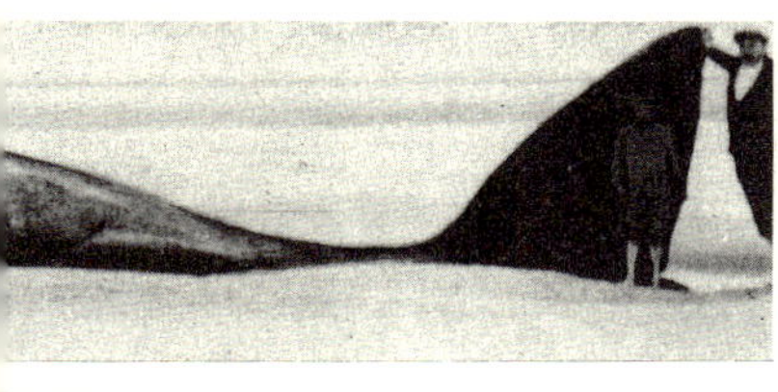

„Dann sind ja Walfänger in der Nähe!" rief Spilett.

„Das mit der Harpune will überhaupt nichts heißen", antwortete Pencroff. „Man hat schon Wale beobachtet, die mit einer Harpune im Leib Tausende von Kilometern geschwommen sind. Wer weiß, vielleicht ist dieser Wal im Nordmeer harpuniert worden und erst im Pazifik daran eingegangen."

„Ziehen wir die Harpune heraus", sagte der Ingenieur, „vielleicht steht der Name des Walfängers darauf."

Der Seemann riß die Harpune aus dem toten Wal. Darauf war eingraviert:

Maria Stella
Vineyard

„Vineyard!" rief er. „Das ist ja meine Heimat! Und die *Maria Stella* kenne ich vom Kiel bis zur Kajüte. Ausgerechnet aus Vineyard!"

Der Seemann konnte sich nicht beruhigen. Da kaum damit zu rechnen war, daß die *Maria Stella* ihre Beute abholen würde, und da der Wal sehr schnell verwesen konnte, wurde er auf der Stelle ausgenommen. Zuvor scheuchte man die Aasvögel mit Gewehrschüssen davon. Der Seemann hatte natürlich auch schon einmal auf einem Walfänger angeheuert und leitete dieses unangenehme Geschäft, um das sich aber keiner der Siedler drückte. Der Wal war ein Weibchen, wie sich schnell herausstellte, die Drüsen waren voll Milch (die nach dem Urteil Dieffenbachs kaum von Kuhmilch zu unterscheiden ist).

Jules Verne:
„Die geheimnisvolle Insel"

In dem 1851 erschienen Roman „Moby Dick" beschreibt Herman Melville (1819–1891) die Geschichte Kapitän Ahabs, der, seit er im Kampf mit dem legendären Weißen Wal ein Bein verloren hat, wie ein Besessener auf der Suche nach Moby Dick auf den Weltmeeren kreuzt, um sich an dem Wal zu rächen. Mit der Geschichte des von Rachedurst gequälten, gottlosen und fanatischen Kapitäns Ahab und der übermächtigen, elementaren Gewalt des Wals, der schließlich Sieger in diesem Zweikampf bleiben wird, schuf Melville eines der bedeutendsten Prosawerke der amerikanischen Literatur des 19. Jahrhunderts.

Es wurde Abend. Auf einmal blieb er an der Reling stehen, setzte das Stelzbein in die Nut, griff mit der einen Hand in die Wanten und sagte Starbuck, alle Mann sollten achteraus kommen.

„Sir?" Der erste Steuermann war verdutzt, denn ein solcher Befehl wurde nur bei besonderen Gelegenheiten gegeben.

„Alle Mann achteraus!" wiederholte Ahab. „Ausgucks! Kommt runter!"

Als die Männer vollzählig versammelt waren und ihn neugierig und ein wenig betreten ansahen – er sah aus wie der Himmel, wenn ein Sturm aufkommt –, schaute er nach einem raschen Blick über die Reling die Leute mit funkelnden Augen an, tat einen Schritt und nahm dann, als wäre er ganz allein, seine schwerfällige Runde über die Planken wieder auf. Gesenkten Hauptes, den Hut halb in die Stirn, schritt er unbekümmert um das verwunderte Gemunkel der Männer auf und ab, bis Stubb vorsichtig zu Flask hinüberflüsterte, ob Ahab sie etwa dort habe antreten lassen, damit sie bewundern sollten, sie gut er mit seinem Knochenbein marschiere. Doch plötzlich blieb Ahab stehen und brach los:

„Was tut ihr, wenn ihr einen Walfisch seht, Jungens?"

„Aussingen!" kam es wie aus einem Munde.

„Gut!" rief Ahab leidenschaftlich aus, als er sah, daß seine unerwartete Frage gezündet hatte.

„Und dann?"

„Die Boote zu Wasser und los!"

„Und was singt ihr dazu?"

„Der Walfisch tot, in Stücken das Boot."

Jedesmal, wenn der Chor dem Alten Antwort gab, leuchtete ihm die wilde Freude unheimlicher aus den Augen, während die Leute einander fragend ansahen, als wunderten sie sich über sich selbst, wie mächtig diese Fragen sie mitrissen.

Doch gleich waren sie wieder bei der Sache, als Ahab jetzt in seinem Zapfenloch eine halbe Wendung machte, und mit der einen Hand hoch ins Want langend, es beinahe krampfhaft umklammerte. Dann redete er auf sie ein: „Ihr Ausguckleute habt ja den Befehl bekommen wegen des weißen Wals. Seht her, eine spanische Dublone!" Er ließ eine große Goldmünze in der Sonne funkeln. „Sechzehn Dollar, Jungens! Seht sie euch an! Starbuck, gib mir die Keule!"

Gregory Peck als Kapitän Ahab im 1956 von John Huston gedrehten Film „Moby Dick".

Der Erste Steuermann holte sie. Ahab rieb bedächtig das Goldstück an seinem Rockschoß blank und summte dazu leise vor sich hin, ein seltsam gedämpftes, verworrenes Geräusch, als summten in seinem Innern hörbar die Räder, die sein Leben in Gang hielten.

Er nahm die Kleidkeule, und den Hammer in der erhobenen Rechten, das Goldstück in der Linken, daß alle es sehen konnten, trat er auf den Großmast zu und rief aus: „Wer von euch einen Wal sieht, einen Wal mit weißem Kopf, mit zerfurchter Stirn und schiefem Maul, wer mir den Weißkopf zuerst sieht – drei Löcher hat er in der rechten Schwanzflosse – wer ihn sieht, den weißen Wal – seht her, Jungens, der soll die Dublone haben!“

„Hurra! Hurra!“ schrien die Männer und schwenkten die Mützen, während er das Goldstück an den Mast nagelte.

„Es ist ein weißer Wal“, fing Ahab wieder an und warf die Keule zu Boden, „ein weißer Pottwal! Augen auf, Jungens, paßt auf, wo das Wasser weiß wird. Und wenn ihr nur eine Blase seht, singt sie aus!“

Tashtego, Daggoo und Quiqueg waren noch erstaunter, noch gespannter als die andern. Als von der gefurchten Stirn und dem schiefen Maul die Rede war, hatten sie aufgehorcht, jeder für sich, als entsänne er sich dabei eines besonderen Erlebnissen.

„Kap’tän“, begann Tashtego, „das muß der weiße Wal sein, den sie Moby-Dick nennen.“

„Moby-Dick?“ Ahab fuhr auf. „Du kennst den weißen Wal, Tash?“

„Schlägt er nicht immer so sonderbar mit dem Schwanz, Kap’tän, wenn er wendet?“ fragte der Gay-Header und überlegte.

„Und bläst auch so merkwürdig“, sagte Daggoo, „für einen Pottfisch mächtig buschig, nicht wahr, Kap’tän, und rasch hintereinander weg?“

„Und eins, zwei, drei – ganzes Fuder Eisen in Haut, Kap’tän“, stammelte Quiqueg dazwischen, „alle ganz vergreht-rr, vertrehg, ver – so, so –“ verzweifelt suchte er nach dem Wort und schraubte fortwährend mit der Hand rund herum, als zöge er den Kork aus einer Flasche. „So – so –“

„Korkenzieher, jawohl!“ Ahab hatte verstanden. „Hast recht, Quiqueg, die Harpunen hat er alle in sich, verdreht und verbogen. Hast recht, Daggoo, einen Strahl bläst er wie eine Hocke Weizen so dick, und schneeweiß wie ein Stapel Nantucketer Wolle nach der Schur. Hast recht, Tashtego, er schlägt wie ein geplatzter Klüver im Wind. Tod und Teufel, Jungens, ihr habt Moby-Dick gesehen, wirklich, Moby-Dick!“

Hermann Melville:
„Moby Dick“

Fragment

... und der Krill
winzig im eisigen Wasser
macht sich kein Bild
von den höheren Formen
des Lebens

Aber wenn er
Gott dächte wär es
als Wal der verschlingt
der die Tore des
Paradieses weit aufhält
für Jonas ...

Uwe-Michael Gutzschhahn

Glossar

Balaenidae (lat.): Glattwale (Untergruppe der Bartenwale).

Balaenopteridae (lat./griech.): Familie der Furchenwale mit den Arten Blauwal, Finnwal, Seiwal, Buckelwal.

Biomasse: Gesamte Masse des organischen Materials.

Cetacea (griech.): Ordnung der Wale.

Delphinidae (griech.): Delphine.

Eschrichtiidae: Familie der Grauwale mit dem Grauwal als einziger Art.

Euphausidae: Sammelbegriff für die 90 Arten der Ordnung der Leuchtkrebse. Hauptbestandteil des Krills.

Internationale Walfangkommission (IWC): Internationale Organisation, die sich seit 1946 für den Schutz der Wale einsetzt.

Karavelle: Segelschifftyp unterschiedlicher Form und Größe im 14. bis 16. Jahrhundert. Die Karavelle war relativ lang und leicht und hatte nur geringen Tiefgang. Sie hatte meist hohe Heckaufbauten und zwei oder drei Lateinsegel.

Karacken: Bezeichnung für ein Frachtschiff der Hansezeit. Erster Schiffstyp mit drei Masten.

Krill (norweg.): Bezeichnung für tierisches Plankton, das aus Leuchtkrebsen, Ruderkrebsen und kleinen Ruderschnecken besteht. Krill dient manchen Fischen (z. B. Heringen) und besonders Bartenwalen als Nahrung.

monogam: In der Biologie Bezeichnung für feste Paarbildung (für das ganze Leben) bei Tieren.

Mysticeti: Furchenwale, Glattwale und Grauwale gehören zu den Mysticeti, d. h. Bartenwalen, die keine Zähne, sondern zerfranste Hornplatten (= Barten) besitzen, in denen sich das Plankton verfängt.

Odontoceti: Zahnwale (Delphine, Tümmler, Pottwale).

Paläontologie (griech.): Wissenschaft von Lebewesen und ihren Entwicklungen im Verlauf der Erdgeschichte.

Phocoenidae (griech.): Schweinswale.

Physeteridae (griech.): Pottwale.

Physeter macrocephalus (griech.): Pottwal (Blaser mit großem Kopf).

Plankton (griech.): Gesamtheit der im Wasser schwebenden tierischen und pflanzlichen Kleinstlebewesen mit geringer oder ohne Eigenbewegung. Plankton dient vielen Meereslebewesen als Nahrung.

Platanistidae (griech.): Flußdelphine.

Taxonomie: Theorie und Methode der Klassifikation aller Lebewesen (Einteilung in Arten, Gattungen, Familien ...).

Walfangmutterschiff: Auf dem Walfangmutterschiff werden die von den Walfangbooten erlegten Wale verarbeitet. Die vollständige Verarbeitung eines großen Wals dauert auf modernen Walfangmutterschiffen nur noch etwa eine Stunde; pro Tag werden durchschnittlich ein Dutzend Wale von den Walfangbooten angeliefert und anschließend verarbeitet.

Walfangstation: Kleine Ansiedlungen von Walfängern, die erstmals von den Holländern im 17. Jahrhundert an den Küsten Spitzbergens errichtet wurden. Sie dienten während der Fangzeit als Warenlager; außerdem wurden hier die erlegten Wale weiterverarbeitet.

Walrat: Bezeichnung für eine wachsartige Masse, die aus den Stirnbeinhöhlen des Pottwals gewonnen wird. Walrat dient als Salbengrundlage und wird daneben auch als Zusatz zu Kerzen, Seifen und Appreturen verwendet.

Kleine Auswahl der weiterführenden Literatur

A. Alpers: Dolphins. The Myth and the Mammal. Boston 1961

A. N. Baker: Whales and Dolphins of New Zealand and Australia: An Identification Guide. Victoria 1983

M. L. Baker: Whales, Dolphins and Propoises of the World. New York 1987

B. Bennett: The Oceanic Society Field Guide to the Gray Whale. San Francisco 1983

K. Brower: Wake of the Whale. Friends of the Earth, New York 1979

R. Burton: The Life and Death of Whales. New York 1980

D. K. Caldwell/M. C. Caldwell: The world of the Bottlenosed Dolphin. Philadelphia 1972

Henry Chapin: Geheimnisvolle Delphine. O. O. 1965

J.-Y. Cousteau/P. Diole: Geheimnisse und Rätsel des Meeres: Wale. Gefährdete Riesen der See. München/Zürich 1972

J.-Y. Cousteau/P. Diole: Geheimnisse und Rätsel des Meeres: Delphine. Intelligente Freunde des Menschen. München/Zürich 1975

E. Devine/M. Clark: The Dolphin Smile. Twenty-nine centuries of dolphin lore. New York 1967

T. A. Dozier: Wale und andere Säugetiere des Meeres. München 1980

R. Ellis: The Book of Whales. New York 1980

R. Ellis: Dolphins and Porpoises. New York 1982

P. G. H. Evans: The Natural History of Whales and Dolphins. Kent 1987

G. Fleischer: Über die Erforschung der Schallorientierung bei Delphinen und Walen. Stuttgart 1977

GEO Nr. 10, Oktober 1985

W. Gewalt: Auf den Spuren der Wale: Expeditionen von Alaska bis Kap Hoorn. Düsseldorf 1986

D. Haley: Marine Mammals of Eastern North Pacific and Arctic Waters. Seattle 1978

Erich Hoyt: Alle Wale dieser Welt. Kiel 1987

Erich Hoyt: The Whale Called Killer. New York 1981

B. Hunter/R. Weyler: Rettet die Wale. Die Fahrten von Greenpeace. Frankfurt am Main und Berlin 1982

S. K. Katona/V. Rough/D. T. Richardson: A Field Guide to the Whales, Porpoises and Seals of the Gulf of Maine and Eastern Canada: Cape Cod to Newfoundland. New York 1983

G. D. Kaufmann/P. H. Forester: Hawaii's Humpback Whales. Hawaii 1986

J. Keller (Hrsg.): Wale und Delphine. Hamburg 1988

J. Kelly/S. Mercer/S. Wolf: The Great Whale Book. Washington 1981

S. Leatherwood/R. R. Reeves/L. Foster: The Sierra Club Handbook of Whales and Dolphins. San Francisco 1983

J. C. Lilly: Lilly on Dolphins. Humans of the Sea. New York 1975

M. Lockley: Whales, Dolphins and Porpoises. Newton Abbot 1979

L. H. Matthews: The Whale. New York 1968

Joan McIntyre: Der Geist in den Wassern. Frankfurt 1982

R. McNally: So Remorseless A Havoc of Dolphins, Whales and Men. Boston 1981

S. M. Minasian/K. C. Balcomb/L. Forster: The World's Whales. Washington 1984

K. S. Norris: The Porpoise Watcher: A naturalist's experience with Porpoises and Whales. New York 1974

F. W. Ommanney: Lost Leviathan. New York 1971

G. Pilleri: Die Geheimnisse der blinden Delphine. Bern 1975

K. Pryor: Lads before the Wind. Adventures in porpoise training. New York 1975

S. F. Riedman/E. T. Gustafson: Home is the Sea of Whales. Chicago 1966

C. M. Scammon: The Marine Mammals of the North-Western Coast of North America, described and illustrated: together with an account of American Whale-Fishery. New York 1968

V. B. Scheffer: A National History of Marine Mammals. New York 1976

V. B. Scheffer: The Year of the Whale. New York 1969

E. J. Slijper: Riesen des Meeres. Eine Biologie der Wale und Delphine. Berlin 1962

L. Watson: A Sea Guide to Whales of the World. London 1981

Heathcote Williams: Kontinent der Wale. Frankfurt am Main 1988

F. G. Wood: Marine Mammals and the Man: The Navy's Porpoises and the Sea Lions. Washington 1973

Verwendete Literatur

Petra Deimer: Das Buch der Wale. © bei der Autorin

E. Thenius: Grzimeks Enzyklopädie, Band 4. © Kindler Verlag München

D. E. Gaskin: The Ecology of Whales and Dolphins. © beim Autor 1982

E. J. Slijper / D. Heinemann: Grzimeks Enzyklopädie, Band 4, a. a. O.

Dr. Wolfgang Gewalt: Der Weißwal. © 1976 A. Ziemsen Verlag, Wittenberg-Lutherstadt

S. H. Ridgway / R. Harrison: Research on Dolphins, herausgegeben von M. M. Bryden und R. Harrison. © 1986 bei den Autoren mit Genehmigung von Oxford University Press.

L. Harrison Matthews: The Natural History of the Whale. © beim Autor.

Dr. Wolfgang Gewalt: Orientierung mit Ultraschall und Echolot, aus: Tierpark. © beim Autor.

Bernd Würsig: Das Verhalten von Bartenwalen. © Spektrum der Wissenschaft Verlagsgesellschaft mbH, Juni 1988, Heidelberg

Donald R. Griffin: Wie Tiere denken. Deutsche Ausgabe: © 1985 BLV Verlagsgesellschaft mbH, München

Petra Deimer: Madeira. © bei der Autorin

James F. Cooper: Der Lotse. © 1984 Eulen Verlag, Freiburg. Die Übersetzung basiert auf einer Ausgabe von 1853

Jules Verne: Die geheimnisvolle Insel. © Bärmeier und Nikel, Bücher und Nachrichten, Frankfurt 1978/1990

Hermann Melville: Moby Dick. © Manesse Verlag, Zürich 1944

Uwe-Michael Gutzschhahn: Fragment. © beim Autor

Bildnachweise

Umschlag
Vorderseite: Die Reisenden. Gemälde von Roland Cat, 1979. Paris, Gallimard.
Rücken: Waljagd (Ausschnitt). Lithographie von J. Hérayside, 19. Jh. Paris, Gallimard.
Rückseite: Verzierter Zahn eines Pottwals. Paris, Gallimard.

Bildvorspann
Originalillustrationen von Jean-Oliver Heron.
Seite 15 Wal. Japanische Zeichnung aus dem 19. Jh. Paris, Gallimard.

Erstes Kapitel
16 Wal. Aus: C. Gessner, Historia animalium (1553). Paris, Gallimard.
17 Jonas wird vom Wal ausgespien. Miniaturmalerei. Ebd.
18 Wal beim Atmen. Ausschnitt aus einer Karte. Stich. Ebd.
19 Jonas und der Wal. Lithographie. Ebd.
20 „Schweinswal". Stich. Ebd.
21 Messe auf einem Wal. Stich (1621) aus: Nova typis transacta navigatio. Ebd.
22/23 Jagd auf einen Wal in Japan. Stich. Ebd.
24 (oben) Zerlegen e. Wals. Aus: C. Gessner, a. a. O.
24/25 Vermessung eines gestrandeten Wals in Holland. Stich 17. Jh. Paris, Naturhistorisches Museum.

Zweites Kapitel
26 Jagd auf einen Wal. Stich 19. Jh. Paris, Gallimard.
27 Gestrandeter Pottwal. Stich 19. Jh. Aus: Lacépide, Histoire des Cétacés. Ebd.
28/29 Jagdausrüstung der Inuit. Aus: Duhamel de Monceau, Traité général des pèches, 1782. Paris, Marinemuseum.
30/31 Skelett eines Wals im Museum. Stich 19. Jh. Paris, Gallimard.
31 (oben) Wirbel eines Wals. Stich von Georges Cuvier. Ebd.
32 (oben) Barten eines Wals. Stich v. Cuvier. Ebd.
32 (Mitte) Grönlandwal. Stich 19. Jh. Ebd.
32 (unten) Finnwal. Stich 19. Jh. Ebd.
33 (oben) Delphin. Stich 19. Jh. Ebd.
33 (unten) Pottwal. Stich 19. Jh. Ebd.
34/35 Die wichtigsten Arten der Wale. Zeichnung von J. O. Heron. Paris, Gallimard.
36/37 Geburt eines Entenwals. Fotos. Paris, Gallimard.
37 (oben) Krill. Stich. Ebd.
38/39 (oben) Grauwal. Zeichnung von Richard Ellis, New York.
38/39 (unten) Herde von Pottwalen. Ebd.
40/41 Grönlandwale. Ebd.
42/43 Buckelwal. Ebd.
44/45 (oben) Schwertwal. Ebd.
44/45 (unten) Narwale. Ebd.

Drittes Kapitel
46 Waljagd bei Spitzbergen. Stich 19. Jh. Paris, Gallimard.
47 Walfangboot. Stich 19. Jh. Ebd.
48 (oben) Baskische Jäger. Aus: Duhamel du Monceau, a. a. O.
48 (unten) Jagd bei Spitzbergen. Stich 18. Jh. Paris, Gallimard.
49 Holländische Jäger. Aus: Duhamel du Monceau, a. a. O.

50 Karte von Spitzbergen. Stich 18. Jh. Paris, Marinemuseum.
51 Waljagd bei Spitzbergen. Stich 18. Jh. Ebd.
52/53 Walküche in Smeerenberg auf Spitzbergen. Gemälde (1634). Oslo, Norsk Sjofarts Museum.
54/55 Szenen eines Walfangs bei Spitzbergen. Aus: Unterhaltungen aus der Naturgeschichte (1805). Paris, Gallimard.
56 (oben) Pottwal zertrümmert ein Boot. Anonymes Gemälde um 1840. New Bedford (USA), Whaling Museum.
56/57 Bewohner der Kodiak-Inseln auf Waljagd. Stich 19. Jh. Paris, Gallimard.
58/59 Waljagd. Lithographie von J. Hérayside, 19. Jh. Ebd.
59 (oben) Waljagd. Stich 19. Jh. Ebd.

Viertes Kapitel
60 „Stripping the wanderer“. Gemälde von C. W. Ashley, 1923. New Bedford (USA), Whaling Museum.

61 Ölkontrolle im Hafen von New Bedford (Ausschnitt). Stich 19. Jh.
63 Un coin de la voilerie. Gemälde von C. W. Ashley, 1915. New Bedford (USA), Whaling Museum.
64 Ölkontrolle im Hafen von New Bedford. Stich 19. Jh.
65 Raffinerie und Kerzenfabrik in New Bedford. Gemälde (1855). New Bedford (USA), Whaling Museum.
66 (oben) Ansicht der „Pequod". Originalillustration von Marc Berthier. Paris, Gallimard.
66 (unten) Längsschnitt durch die „Pequod". Ebd.
67 Dreimaster aus Nantucket. Ebd.
68 Aufsicht eines Walfangboots. Ebd.
69 Harpunen, Henkeleimer, Walfangboot. Ebd.
70 The Navigator. Gemälde von C. W. Ashley. New Bedford (USA), Whaling Museum.
71 Amerikanischer Harpunier. Lithographie 19. Jh. Paris, Gallimard.
72 Queequeg, Harpunier der „Pequod". Originalillustration von Marc Berthier. Paris, Gallimard.
72/73 Amerikanischer Walfänger setzt Boote aus, um die Waljagd zu beginnen. Lithographie von L. Lebreton, 19. Jh. Paris, Marinemuseum.
74/75 (oben) Der Hafen von New Bedford. Aus: Purrington und Russel, Panorama du tour du monde d'un baleinier (1849). New Bedford (USA), Whaling Museum.
74/75 (unten) Abfahrt aus New Bedford. Ebd.
76/77 Vulkanausbruch im Pazifik. Ebd.
78/79 Jagd im Pazifik. Ebd.
80/81 Waljagd an der Nordwestküste der USA. Ebd.

Fünftes Kapitel
82 The Gam. Gemälde von C. W. Ashley, 1926. New Bedford (USA), Whaling Museum.
83 Harpunier. Stich 19. Jh. Paris, Gallimard.
84 Walfangboote beim Auslaufen aus der Magellanstraße. Lithographie von L. Lebreton. Ebd.
85 Inseln des Pazifiks. Aus: Purrington und Russel, a. a. O.
86/87 Reiseroute des amerikanischen Walfangschiffes „Kutusoff". Zeichnung von Jame's Prunier. Paris, Gallimard.
88 Verzierter Zahn eines Pottwals. Ebd.
89 (oben) Scrimshaw. Altes Steckspiel. Ebd.
89 (unten) Verzierter Zahn eines Pottwals. Ebd.
90/91 Seiten aus dem Logbuch der „William Baker", 1838. New Bedford (USA), Whaling Museum.
92/93 Fang eines Pottwals. Van Beest, Swain Gifford, 1862. Ebd.
93 (unten) Harpunen aus dem 19. Jh. Paris, Gallimard.
94/95 Jagd auf einen Buckelwal. Gemälde von C. W. Ashley, 1909. New Bedford (USA), Whaling Museum.
95 (oben) Walfangszene von A. L. Morel-Fatio. Paris, Gallimard.
96/97 Waljagd von F. Garneray. Ebd.
98/99 Tötung eines Pottwals. Gemälde von L. Lebreton. Ebd.
100/101 Jagd auf einen Pottwal. Gemälde von F. Garneray. New Bedford (USA), Whaling Museum.
103 Zerlegung eines Wals. Aus: France Maritime, 1837. Paris, Gallimard.
104/105 Verlassene Walfangboote im arktischen Ozean, 1871. Lithographie von Benjamin Russell. New Bedford (USA), Whaling Museum.
106 (oben) Mannschaft eines Walfangboots. Foto 19. Jh. Paris, Gallimard.
106 (unten) Zerlegung eines Wals auf dem Schiffsdeck. Foto 19. Jh. Ebd.
107 Die „Charles Morgan". Foto 19. Jh. Ebd.
108 (oben) Bau eines Schmelzofens. Foto 19. Jh. Ebd.
108 (unten) Dass. Ebd.
109 (oben) Dass. Ebd.
109 (unten) Seeleute an Bord der „Arthur V. S. Woodruff". Foto 19. Jh. Ebd.
110 Zerlassen des Specks. Foto 19. Jh. Ebd.
111 Zerschneiden des Specks. Foto 19. Jh. Ebd.
112 (oben) Die Mannschaft erwartet das Essen. Foto 19. Jh. Ebd.
112 (unten) Zerlegen eines Pottwals. Foto 19. Jh. Ebd.
113 Dass. Ebd.

Sechstes Kapitel
114 Walfang in Norwegen zu Beginn des 20. Jh. Stich. Paris, Gallimard.
115 Portrait von Svend Foyn. Oslo, Norsk Sjofarts Museum.
116 (oben) Harpunenkanone. Foto. Paris, Gallimard.
116 (unten) Norwegische Walküche bei Grytviken, Süd-Georgien, 1914. Ebd.
117 Walküche an der japanischen Küste. Japanische Rolle 19. Jh. Paris, Gallimard.
118/119 Grönlandwal. Foto. Paris, Gallimard.
119 (oben) Zerlegung eines Wals auf einem norwegischen Walfangboot, 1946. Foto. Ebd.
120 Norwegisches Walfangboot 1946. Foto. Ebd.
121 (oben) Walfang in Norwegen 1946. Foto. Ebd.
121 (unten) Zerlegung eines Wals auf einem norwegischen Schiff. Foto. Ebd.
122 (oben) Harpunier am Anfang dieses Jahrhunderts. Foto. Ebd.
122 (unten) Walfangboot beim Harpunieren. Foto. Ebd.
123 (oben) Sowjetisches Fabrikschiff. Foto. Ebd.
123 (unten) Harpunierter Pottwal. Foto. Ebd.
124 (oben) Fabrikschiff in Irland 1970. Foto. Ebd.
124/125 (unten) Walfang auf einem sowjetischen Schiff. Foto. Ebd.
126 (oben) Springender Buckelwal. Foto. Ebd.
126/127 Schwarzer Grönlandwal. Foto. Ebd.
128 Japanische Rolle von Yuzan. Tokio, Nationalmuseum.

Zeugnisse und Dokumente
129 Walfänger auf seiner Beute. Stich 19. Jh. Paris, Gallimard.
130 Fluke eines Bukelwals. Foto: Gallimard, Paris.
134/135 Skelettrekonstruktion des ausgestorbenen Basilosaurus, des bekannten Urwals. Zeichnung von Horst L. Schneeberger © 1978 beim Zeichner.
137 Entwicklungsgeschichte der Wale. Aus: Würsig, Das Verhalten von Bartenwalen. © Spektrum der Wissenschaft, Heidelberg.
139 Ausschnitt aus einer Karte (ca. 16. Jh.), Paris, Musée de la Marine.
141 Gemeiner Delphin. Aus: Theodor Dolezol, Delphine – Menschen des Meeres. © Verlag Carl Ueberreuter, Wien/Heidelberg 1973.
144 Großer Tümmler. Aus: Theodor Dolezol, Delphine ... a. a. O.
149 Die Barten. Aus: Petra Deimer, Das Buch der Wale. © bei der Autorin.
151 Das Stellnetz des Buckelwals. Aus: Petra Deimer, Das Buch der Wale, a. a. O.
152 Die Nahrungskette. Aus: Petra Deimer, Das Buch der Wale, a. a. O.
154 Der Krill. Aus: Petra Deimer, Das Buch der Wale, a. a. O.
155 Fluke eines Buckelwals. Foto: Gallimard, Paris.
157 aus: Theodor Dolezol, Delphine ... a. a. O.
158 Querschnitt des Auges des Delphinapterus. Aus: Wolfgang Gewalt, Der Weißwal. © 1976 Ziemsen Verlag, Wittenberg-Lutherstadt.
160 Ausgleich der Körpertemperatur bei Walen. Aus: Theodor Dolezol, Delphine ... a. a. O.
161 Pottwal im Tiefseekabel gefangen. Aus: Petra Deimer, Das Buch der Wale, a. a. O.
163 Tauchexperimente mit Delphinen. Aus: Reseach on Dolphins. © S. H. Ridgway und R. J. Harrison 1986 mit Genehmigung von Oxford University Press.
166 Wundernetz eines Wals. Aus: Petra Deimer, Das Buch der Wale, a. a. O.
170 Der Sonargebrauch bei der Nahrungssuche. Aus: Wolfgang Gewalt, Der Weißwal, a. a. O.
171 Delphine. © Deimer/IFAW/Monachus, Hamburg.
175 Schema eines Delphinschädels. Aus: Petra Deimer, Das Buch der Wale, a. a. O.
178 Delphine. Aus: Heathcote Williams, Kontinent der Wale. © 1988 by Heathcote Williams. Für die deutsche Übersetzung © 1988 by Zweitausendeins, Frankfurt.
181 Sprung eines Buckelwals. Foto: Gallimard, Paris.
184 Vergleichende Schnitte durch das Gehirn eines Delphins und eines Menschen. Aus: Petra Deimer, Das Buch der Wale, a. a. O.
186 Versuche mit in Ozeanarien gehaltenen Tiere. Aus: Heathcote Williams, Kontinent der Wale, a. a. O.
188 Tümmler. Aus: Hoyt, Alle Wale dieser Welt. © 1987 by Conrad Stein Verlag, Kiel.
189 Waljagd auf den Azoren. Foto: Expolorer/Vogel, Paris.
191 Rettet die Wale. © Deimer/IFAW/Monachus, Hamburg.
194 Walprodukte. Aus: Petra Deimer, Das Buch der Wale, a. a. O.
196 Ein Greenpeace-Boot fährt in die Schußlinie eines Harpunenbootes. Aus: Hunter/Weyler, Rettet die Wale. © Kübler & Akselrad Verlag, Heidelberg.
199 Wale. © Deimer/IFAW/Monachus, Hamburg.
202 Illustration von Rudyard Kipling für sein Buch Just-so-stories. Paris, Gallimard.
203 Walfang in Japan. Stich 18. Jh. (?). Paris, Gallimard.
204 Der Wal verschlingt Jonas. Stich in: Sébastien Munster, „Cosmographie universelle“, 1554. Paris, Gallimard.
207 Indianische Darstellung eines Schwertwals. Foto von Maximilien Bruggmann. Aus: Indianer der Nordwestküste. © U. Bär Verlag, Zürich.
208/209 Walfänger auf ihrer Beute. Foto: Halinque Violett, Paris.
211 Szene aus dem 1956 v. John Huston gedrehten Film „Moby Dick“. Foto: Magnum/Taconis, Paris.
216/217 Zerlegung eines Wals. Aus: France Maritime, 1837. Paris, Gallimard.
223 Szene aus dem 1956 v. John Huston gedrehten Film „Moby Dick“. Foto: Magnum/Taconis, Paris.

Fotografische Nachweise

Alaska Photo/Betty Johannsen, Washington 126 o.
Marc Berthier 66 o, 66 u, 67, 68, 69, 73 o.
Bettman Archives, New York 61, 64.
Bryns Foto, Sandfjord, Norwegen 113 u.
Roland Cat Umschlag, Vorderseite.
Charmet, Paris 16.
Editions Robert Laffont 54 – 55.
Richard Ellis, New York 38 – 39 u, 40 – 41, 42 – 43, 44 – 45 o, 44 – 45 u.
Gallimard, Paris 15, 17, 18, 19, 20, 21, 22 – 23, 24 c, 26, 27, 28 – 29, 30 – 31 u, 31 o, 32 o, 32 M, 32 u, 33 o, 33 u, 36 – 37 u, 37 o, 46, 47, 48 u, 49 o, 50 u, 51, 56 – 57, 58 u, 59 o, 71, 83, 84 o, 88, 89 o, 89 u, 93 u, 95 o, 96 – 97, 98 – 99, 103 o, 106 o, 106 u, 107, 108, 109, 110, 111, 112 – 113, 117 o, 122 o, 128, 129.
Greenpeace/Gohier, Paris 155.
Greenpeace/Curtsinger, Paris 125 – 127.
Jean-Olivier Héron 34 – 35.
Musée de la Marine, Paris 48 o, 72 – 73 u.
Naturwissenschaftliches Museum, Paris 24 – 25.
Norskjöfarts Museum, Oslo 52 – 53, 115, 116 o.
Norwegische Botschaft, Paris 121 u.
N.T.B., Oslo 119, 120 o, 121 o.
Old Dartmouth Historical Society, New Bedford, USA 56 o, 60, 63, 70, 74 – 75 o, 74 – 75 u, 76 – 77, 78 – 79 o, 78 – 79 u, 80 – 81, 82, 90 - 91, 92 – 93 o, 94 – 95 u, 100 – 101, 104 – 105.
Jame's Prunier 86 – 87.
Scott Polar Research Institute, Cambridge 116 u.
Roger/Violett, Paris 114.

Register

Inhalt